KB125264

과학사 밖으로 뛰쳐나온 **지구과학자들**

천재들의 과학 노트

캐서린 쿨렌 지음
좌용주(경상대학교 지구환경과학과 교수) 옮김

지구과학

4

지브레인

천재들의 과학노트 ❹

지구과학

ⓒ 캐서린 쿨렌, 2023

초판 1쇄 인쇄일 2023년 4월 15일
초판 1쇄 발행일 2023년 4월 24일

지은이 캐서린 쿨렌　　**옮긴이** 좌용주
펴낸이 김지영　　　　**펴낸곳** 지브레인^{Gbrain}
편 집 김현주　　　　**삽 화** 박기종
마케팅 조명구　　　　**제작·관리** 김동영

출판등록 2001년 7월 3일 제2005－000022호
주소 04021 서울시 마포구 월드컵로 7길 88 2층
전화 (02)2648-7224　　**팩스** (02)2654-7696

ISBN 978-89-5979-764-6(04450)
　　　978-89-5979-769-1(SET)

- 책값은 뒷표지에 있습니다.
- 잘못된 책은 교환해 드립니다.

이 책을 먼 훗날 과학의 개척자들에게 바친다.

우리나라 대학 입시에 수학능력평가제도가 도입된 지도 벌써 10년이 넘었습니다. 그런데 우리나라의 수학능력평가는 제대로 된 방향으로 가고 있을까요?

제가 미국에서 교편을 잡고 있던 시절, 제 수업에는 수학이나 과학과 관련이 없는 전공과목을 공부하는 학생들이 많이 참가했습니다. 학기 첫 주부터 칠판에 수학 공식을 휘갈기면 여기저기에서 한숨 소리가 터져 나왔습니다. 하지만 학기 중반에 이르면 대부분의 학생들이 큰 어려움 없이 미분방정식까지 풀어 가며 강의를 잘 따라왔습니다. 나중에, 어떻게 그 짧은 시간에 수학 공부를 따라올 수 있었느냐고 물으면, 학생들의 대답은 한결같았습니다. 도서관에서 책을 빌려다가 독학을 했다는 것입니다. 이게 바로 수학능력입니다. 미국의 고등학생들은 대학에 진학해서 어떤 학문을 접하더라도 제대로 공부할 수 있는 능력만큼은 갖추고 대학에 진학합니다.

최근에 세상을 떠난 경영학의 세계적인 대가 피터 드러커 박사는 "21세기는 지식의 시대가 될 것이며, 지식의 시대에서는 배움의 끝이 없다"고 말했습니다. 21세기에서 가장 훌륭하게 적용할 수 있는 사람은 어떤 새로운 지식이라도 손쉽게 자기 것으로 만들 수 있고, 어떤 분야의 지식이든 소화할 수 있는 능력을 가진 사람일 것입니다.

이런 점에서 저는 최근 우리나라 대학들이 통합형 논술을 추진하고 있는 것이 매우 바람직한 일이라고 생각합니다. 학생들이 암기해 놓은 지식을 토해 놓는 기술만 습득하도록 하는 것이 아니라 여러 분야의 지식과 사고체계를 두루 갖춰 어떤 문제든 통합적으로 사고할 수 있도록 하자는 것이 통합형 논술입니다.

앞으로의 학생들이 과학 시대를 살아 갈 것인 만큼 통합형 논술에서 자연과학이 빠질 리 없다는 사실쯤은 쉽게 짐작할 수 있을 것입니다. 그런데 자연과학은 인문학 분야에 비해 준비된 학생과 그렇지 않은 학생의 차이가 확연하게 드러납니다. 입시에서 차이란 결국 이런 부분에서 나는 법입니다. 문과, 이과의 구분에 상관없이 이미 자연과학은 우리 학생들에게 필수적인 과정이 되어 가고 있습니다.

자연과학적 글쓰기가 다른 분야의 글쓰기와 분명하게 다른 또 하나의 차이점은 아마도 내용의 구체성일 것입니다. 구체적인 사례와 구체적인 내용이 결여된 과학적 글쓰기란 상상하기 어렵습니다. 이런 점에서 〈천재들의 과학노트〉 시리즈는 짜임새 있는 기획이 돋보이는 책입니다. 물리학, 화학, 생물학, 지구과학 등 우리에게 익숙한 자연과학 분야는 물론이고 천문 우주학, 대기과학, 해양학과 최근 중요한 분야로 떠오른 '과학·기술·사회' 분야까지 다양한 내용이 담겨 있습니다. 각 분야마다 10명의 과학자와 과학이론에 대해 기술해 놓았으니 시리즈를 모두 읽고 나면 적어도 80여 가지의 과학 분야에 대한 풍부한 지식을 얻을 수 있는 것입니다.

기본적인 자연과학의 소양을 갖춘 사람이 진정한 교양인으로서 인정받는 시대가 오고 있습니다. 〈천재들의 과학노트〉 시리즈가 새로운 문화시대를 여는 길잡이가 되리라고 확신합니다.

이화여대 에코과학부 교수 최재천

과학의 개척자들은 남들이 생각지 못한 아이디어로 새로운 연구를 시작한 사람들이다. 그들은 실패의 위험과 학계의 비난을 무릅쓰고 과학 탐구를 위한 새로운 길을 열었다. 그들의 성장 배경은 다양하다. 어떤 사람은 중학교 이상의 교육을 받은 적이 없었으며, 어떤 사람은 여러 개의 박사 학위를 받기도 했다. 집안이 부유하여 아무런 걱정 없이 연구에 전념할 수 있었던 사람이 있는가 하면, 어떤 이는 너무나 가난해서 영양실조를 앓기도 하고 연구실은커녕 편히 쉴 집조차 없는 어려움을 겪기도 했다. 성격 또한 다양해서, 어떤 사람은 명랑했고, 어떤 사람은 점잖았으며, 어떤 사람은 고집스러웠다. 그러나 그들은 하나같이 지식과 학문을 추구하기 위한 희생을 아끼지 않았고, 과학 연구를 위해 많은 시간을 투자했으며, 자신의 능력을 모두 쏟아 부었다. 자연을 이해하고 싶다는 욕망은 그들이 어려움을 겪을 때 앞으로 나아갈 수 있는 원동력이 되었으며, 그들의 헌신적인 노력으로 인해 과학은 발전할 수 있었다.

이 시리즈는 생물학, 화학, 지구과학, 해양과학, 물리학, STS(Science, Technology & Society), 우주와 천문학, 기상과 기후 등 여덟 권으로 구성되었다. 각 권에는 그 분야에서 선구적인 업적을 이룬 과학자 열 명의 과학 이론과 삶에 대한 이야기가 담겨 있다. 여기에는 그들의 어린 시절, 어떻게 과학에 뛰어들게 되었는지에 대한 설명, 그리고 그들의 연구와 과학적 발견, 업적을 충분히 이해할 수 있도록 하는 과학에 대한 배경지식 등이 포함되어 있다.

이 시리즈는 적절한 수준에서 선구적인 과학자들에 대한 사실적인 정보를 제공하기 위해 기획되었다. 이 시리즈를 통해 독자들이 위대한 성취를 이루고자 하는 동기를 얻고, 과학 발전을 이룬 사람들과 연결되어 있다는 유대감을 가지며, 스스로 사회에 긍정적인 영향을 미칠 수 있는 사람이라는 사실을 깨닫게 되기를 바란다.

사람들은 자신들의 존재 의미와 삶의 목적을 찾기 위해 지구의 기원과 역사를 오랫동안 생각해왔다. 고대 그리스 철학자들은 사색과 관찰을 통해 자연과학을 발전시켰으며, 기독교 사상의 대중화 이후에 창조와 대홍수에 대한 성경적 설명은 과학혁명과 계몽주의 시대에 이르기까지 지구의 기원과 역사에 대한 생각을 지배했다. 1500년대 후반에서 1800년대에 걸쳐 유럽에서 일어난 과학혁명과 계몽주의 운동의 주요 결과는 과학적 진보를 이루기 위한 관찰과 실험의 중요성을 역설한 것이다. 자연주의자들은 추측과 초자연적인 현상에 의존하기보다는 지구를 자세히 조사하여 그 증거에 기초한 결론을 유도했다. 지층은 자연적으로 위로 쌓였고, 지진과 화산이 지구의 구조를 변형시켰으며, 침식이 지표의 모양 변화에 아주 중요한 역할을 한다는 사실들이 관찰을 통해 밝혀졌다. **지질학** 분야에서의 이런 주요 발견들이 **지구과학**을 크게 진보시켰다고 할 수 있다. 19세기에는 지구의 형태가 갑작스런 재앙적 격변으로 변한다는 격변설이 보편화되었고, 몇몇 과학자들은 홍수와 지진의 역사를 성경과 짧은 6,000년 지구 역사 속에 기록된 사건들과 연결시키려 노력했다.

지구가 오랜 지질시대를 통해 오늘날까지 이어지고 있는 과정들로부터 지속적으로 형성되어 왔다는 생각, 즉 **동일과정설**은 격변설을 대체하여

지질학 지각을 과학적으로 연구하는 자연과학 분야.

지구과학 지구의 일반적인 구성원(땅, 물, 공기)과 그들에게 영향을 주는 과정들을 연구하는 학문.

동일과정설 과거 지질시대에 지구를 변화시켰던 과정들이 현재 일어나고 있는 과정들과 본질적으로 동일하다는 이론.

지구의 일반적 형태를 형성하는 데 가장 그럴듯한 이론으로 받아들여졌다. 오늘날 과학자들은 균형 잡힌 시각을 갖고 점진적인 변화와 격변의 지구 역사에 중요한 역할을 했다고 믿는다.

지구과학은 지구 자체의 연구와 더불어 그 기원과 구조, 진행되어 온 변화와 변화의 과거 및 미래의 결과를 다룬다. 이 분야는 네 가지 주요 영역으로 나눌 수 있다. **기상학**은 대기권과 날씨에 영향을 주는 바람, 습도, 온도, 압력과 같은 조건들의 변화를 과학적으로 연구한다. 해양의 과학인 **해양학**은 해양 환경에 적용되는 모든 자연과학(생물학, 화학, 지질학 및 물리학)을 망라한다. **천문학**의 일부는 우주의 모든 것을 다루고, 지구와 다른 천체들의 관계를 조사한다. 지질학은 지구의 지각, 조성 및 그 역사를 다루는 과학이다. 종종 과학적 연구는 하나 이상의 복잡한 영역으로 분류되곤 한다. 예를 들어 해양분지의 조성에 대한 연구는 일반해양학의 부분으로 생각되지만, 그 역시 해양지질학으로 불린다. 이 시리즈의 다른 책들에서 선구적인 기상학자, 해양학자, 천문학자들이 소개되고 있기 때문에 지구과학의 타이틀에서는 지질학 관련 과학자들을 주로 소개하고자 한다.

지질학자들은 지구 표면과 내부의 물질 조성을 살필 뿐만 아니라, 지구상에서 일어나는 자연 과정들을 연구한다. 그들은 행성, 육지, 물 그리고 공기의 성분들을 알기 위해 화학, 물리학, 생물학의 정보와 방법을 활용한다. **자연지질학자**들이 지구의 물질 조성과 그에 작용하는 과정들에 관심을 가진다면, **역사지질학자**들은 행성의 기원과 과거 46억 년 동안 일어난 변화들에 관심이 많다. 이 둘은 상호 보완적인 것으로서 역사 지질학자들은 결론을 이끌어

기상학 대기를 연구하는 학문.

해양학 바다를 과학적으로 연구하는 학문.

천문학 우주를 연구하는 학문.

자연지질학자 지구 물질을 조사하고 지구를 이루는 과정과 힘을 이해하려고 노력하는 지질학자.

역사지질학자 지구의 역사를 연구하는 지질학자. '지사학자'라고도 한다.

9

내기 위해 지구화학적 및 지구물리학적 증거에 의존하는데, 지구 물질의 현재의 구조와 조성이 과거의 과정과 사건에서 직접적으로 유래되는 것은 당연한 일일 것이다.

지구의 기원, 구조 및 역사에 대한 단서는 항상 존재했으며, 이 책에서 언급하고 있는 선구적인 과학자들의 해석과 새로운 방법들을 통해서 지구과학의 영역은 마치 지구가 그랬던 것처럼 진화해왔다. 광상학과 **금속학** 같은 원리들은 경제적 중요성 때문에 수천 년간 탐구되어 왔으나, 지질학은 15세기에 외과의사 게오르기우스 아그리콜라가 **광물** 분류에 대한 논리적인 체계를 개발하기까지 과학적 영역으로 인식되지 못했다.

덴마크 사제였던 니콜라우스 스테노가 정립한 세 가지 주요 원리 – 누중, 고유 수평성, 측면 연속성 – 는 17세기의 지질학 분야를 진보시켰다. 동일과정설의 주창자 제임스 허튼은 지구의 모양을 삭박과 퇴적의 반복된 결과로 설명했는데, 격렬한 화산 융기 후에 새로운 지층이 퇴적된다는 것이었다. 알렉산더 폰 훔볼트는 자연철학자였으며, 19세기에 들어설 무렵 지구의 구조, 기후, 서식동물과 관련된 자연법칙을 찾아 미지의 땅을 탐험한 인물이다. 비록 그는 지질학과 광물학을 공부했고 광산 감독관으로 일했지만, 자연과학의 모든 영역을 통합하려고 노력했다.

1800년대 초 프랑스 고생물학자 조르주 퀴비에는 파리분지의 층서단면을 조사한 뒤 갑작스런 층의 단절이 **종**의 멸종을 야기시킨 지구 역사상의 지질학적 격변을 나타낸다고 결론지었다. 동시기에 독학으로 공부한 영국의 측량사 윌리엄 스미스는 같은 조직, 조성 및 색을 가진 암석층은 유

금속학 광석으로부터 금속을 추출하고 정제하여 유용물질을 만들어내는 과학기술.

광물 자연적으로 산출되는 무기질이며, 균질한 고체로 일정한 화학조성과 원자 구조를 가진다.

종 생명체의 특별한 종류. 구성원들은 유사한 해부학적 구조를 가지고 교배가 가능하며 번식할 수 있다.

사한 화석종을 포함한다는 사실을 알아낸 뒤 이 정보를 활용해 세계 최초의 지질도를 만들었다. 찰스 라이엘은 당시 큰 영향을 주었던 《지질학의 원리》를 출간해 동일과정설을 주류로 만들었고, 현재에 대한 정밀하고 세심한 관찰을 통해 어떻게 지질학자들이 과거를 알아낼 수 있는지를 가르쳤다.

알프레드 베게너는 대륙들이 고정된 것이 아니라, 지구 표면 위를 떠다닌다고 주장하여 논란을 불러일으켰다. 알프레드 베게너는 지질학적, 기후학적, 고생물학적, **고지자기학적** 및 생물학적 증거를 제시했지만 지구과학자들은 30년 뒤 해리 해몬드 헤스가 합당한 원동력으로 해저확장설을 제안하기까지 그의 이론을 받아들이는 데 주저했다.

> **고지자기학** 과거 암석에서 잔류 자기의 방향 연구로 대륙이 이동한 경로를 추척할 수 있다.

영국의 지구물리학자 아서 홈스는 방사능 연대측정이 지구의 나이를 아는 데 가장 신뢰할 수 있는 방법임을 동료학자들에게 확신시키는 것에는 성공했지만 동시에 반대 시각에도 직면해야 했다. 가장 최근에 미국의 고생물학자 스티븐 제이 굴드는 단속평형의 이론을 발전시켜 화석 기록에서 중간 형태의 부족함을 설명하고, 더 나아가 자연선택에 의한 진화론을 재구성하고 있다.

오늘날 과학자들은 인류가 나타나기 전 수백만 년, 수십억 년 동안 지구에서 일어난 놀라운 사건들에 대한 해답을 계속 찾고 있다. 직접적인 관찰이 해답을 밝힐 수 없을지라도, 우리의 지구는 고맙게도 여러 가지 다양하고 독특한 방식, 때로는 지진과 화산으로, 때로는 약하지만 끊임없는 풍화와 침식 같은 과정을 통해서 자신을 드러내 준다. 이 책에서 소개하는 선구자들의 노력으로 말미암아 지구과학자들은 많은 퍼즐 조각을 찾아냈지만 현재 지구의 오래된 비밀을 풀기 위해 그 조각들을 어떻게 맞추어가느냐 하는 문제가 남아 있다.

차례

광물학의 아버지,

게오르기우스 아그리콜라

Georgius Agricola
(1494~1555)

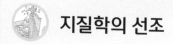

지질학의 선조

　오래전 누군가가 물리적인 성질(물성)을 기초로 광물 분류 체계를 수립하는 것이 유용할 것이라 생각했다. 이 사람은 16세기의 의사 게오르기우스 아그리콜라였다. 그의 노력은 지질학을 과학으로 승화시켰다. 지질학은 지구의 기원, 역사 및 구조에 대한 과학적 연구를 말한다. 아그리콜라는 지질학의 세부 분야인 광물학, 광산공학, 일반 지질학과 고생물학의 지식 기초를 정립하였다.

　그의 주요 업적은 물성에 기초하여 광물 분류 체계를 최초로 정리한 《화석의 성질에 대하여》와 광상의 종합적 조사, 즉 금속학이자 당시의 광상지질학을 정리한 《금속학에 대하여》에 잘 나타나 있다.

　아그리콜라의 두 책은 200년 이상이나 표준 참고서로 쓰였다. 또한 의사로서 직업재해를 최초로 인식한 사람이었다.

소작농을 뜻하는 아그리콜라

게오르그 바우어는 1494년 3월 24일 독일 글라우하우에서 아버지 그레고르 바우어와 이름이 알려지지 않은 어머니 사이에서 태어났다. 아버지 그레고르는 염색공이자 모직물 장수였다. 게오르그의 어릴 적 기록은 거의 없으나 형과 동생이 있었을 것으로 짐작된다. 게오르그는 소년 시절에 마을 학교를 다녔고, 1514년 스무 살의 나이에 라이프치히 대학에 들어갔다. 당시 대부분의 학생이 십대 중반 내지 후반에 대학에 들어갔음을 생각해볼 때 그는 나이 많은 학생이었던 셈이다.

그는 이듬해 학사학위를 받았으나, 초급 그리스어 강사로 대학에 남아 고전과 철학을 계속 공부했다. 그 뒤 1518년 츠비카우의 시립학교에서 학생들을 가르치면서 첫 교과서 《문법의 요소들과 간단한 설명서》(1520)를 집필했다. 당시 그는 교감에 해당하는 위치로 승진했지만 의학을 공부하기 위해 라이프치히로 되돌아왔다. 그리고 당시의 유행을 따라 이름을 '게오르기우스 아그리콜라'라는 라틴식 이름으로 바꾸었다. 아그리콜라는 소작농이란 뜻이며, 지금도 사람들은 그를 아그리콜라로 부르고 있다.

천주교 신자였던 아그리콜라는 츠비카우 교회로부터 3년 동안 장학금을 받아 이태리의 볼로냐 대학과 파도바 대학에서 의학을 공부한 후 1526년에 의학박사 학위를 받았고 안나 메이네르와 결혼했다. 그는 여행 도중에 유명한 라틴 학자이며 저술가이던 데시데리우스 에라스무스를 만났는데, 그는 아그리콜라가 자신의 첫 과학 교과서를 출판했을 때 많은 도움을 준 인물이었다. 아그리콜라는 알다나 출판사에서 히포크라테스와 갈렌의 의학서적 편집을 돕기도 했다.

광업의 전문가

아그리콜라는 보헤미아의 요아힘스타르(현재 체코의 서부지역)로 이사해 의사와 약제사로 근무했다. 요아힘스타르는 비교적 빠르게 성장하던 은 광산 도시로 많은 주민들이 광산에서 일하는 탓에 폐질환을 앓고 있었다. 때문에 교사, 목사와 의사를 필요로 했다. 아그리콜라는 환자들의 질병을 이해하기 위해서는 광산 작업 과정을 아는 것이 중요하다고 느꼈으며 광물들의 용도와 의료 시술을 위한 용해(제련) 산물에도 관심을 가졌다. 이에 따라 광산과 금속학을 배우기 시작했다.

아그리콜라는 스스로에게 부여한 과제를 신중하게 해결해나갔다. 그는 광산업의 모든 부분 – 기술적, 물리적, 경제적, 의학적인 면과 노동자들의 삶의 형태 등에 대해 배워갔다. 그의 저서《베르마누스: 또는 금속학에 대한 대화》(1530)는 그가 수집한 많은 정보를 정리하고 있으며, 또 색슨 지방의 광물들, 특히 비스무스에 내해 기재했다. 이 대중적인 교과서는 숙련된 광부와 광업 공부에 흥미를 가진 두 철학자가 대화하는 형식이다. 이 책의 성공을 확신해서 에라스무스가 서문을 썼다. 고전문학자인 아그리콜라는 모든 저서를 라틴어로 집필했다. 광업 용어가 독일어를 기초로 하고 있었기 때문에 라틴어로 쓴다는 것은 어려운 일이었고, 번역된 도서를 봐도 어색했다. 아그리콜라가 그다음에 쓴 두 권의 중요한 책들은 정치와 경제에 대한 내용이었다.

책의 저자이자 금속학 전문가로서 그리고 마을 의사와 약제사로 명성을 떨치게 된 아그리콜라는 좀 더 평화로운 생활을 원해 제련업자들이 사는 켐니츠(현재는 독일에 속함)로 이사했다. 그곳에서도 마을 의사로 일하며 광업에 대한 지식을 이용해 한 투자가 성공해 몇 년이 지나지 않아 아주 부유하게 되었다. 1541년 아내가 세상을 뜨자 이듬해 아그리콜라는 그 지역 길드마스터의 딸이었던 안나 쉬츠와 재혼했다.

켐니츠에 도착하자마자 의회 역사가로 일해달라는 제안을 받은 아그리콜라는 20년 동안 그 일에 종사하게 되었다. 그리고 색슨 통치자들의 계보를 연구하고 자료로 남기는 책임을 맡게 되었지만 그의 작업 결과는 1963년까지 출판되지 못했다. 그 이유는 통치자들이 그의 발견에 실망했기 때문인 것으로 짐작된다. 그중에서도 그들이 추가적인 영토의 상속자라는 것에 대한 증명이 부족했기 때문으로 보고있다.

색소니의 선거위원이었던 모리스 공작은 아그리콜라를 그 도시의 시장으로 임명했는데, 그 역할은 색슨 의회의 의원과 신성 로마 황제 샤를르 5세에 파견되는 대사를 겸하는 것이었다. 천주교도가 개신교 공작을 위해 그런 중요한 지위를 가진다는 것은 흔하지 않은 일이었다. 그 당시는 두 종교 사이의 갈등이 심각했기 때문이다. 요아힘스타르에서 좀 더 평화로운 삶을 누리려던 아그리콜라의 노력은 이와 같은 이유로 그리 성공적이지 못했으며 몇 년간 과학 연구를 접어야 했다.

다작의 작가

아그리콜라는 시간이 날 때마다 왕성하게 집필을 했고 1546년에 여러 권의 교과서를 출간했다.《지하로부터의 물질의 출현에 대하여》는 후일 지질학 연구에 영향을 준 많은 아이디어를 담고 있다. 그 책은 일반 지질학의 첫 번째 교과서로 평가된다. 그 책에서 아그리콜라는 지질학적 형성에 대한 초자연적인 설명을 비평했으며, 바람과 물에 의한 **침식**을 강조했다. 또한 화산과 지진을 일으키는 지구 내열의 영향에 대해서도 토의했다. 아그리콜라는 산맥들이 모래를 운반하는 바람, 지하의 바람, 지진, 화산의 불 및 물의 침식

> 침식 깎여 나가는 점진적인 과정.

등에 의해 형성된다고 주장했다. 석화액이란 용어가 지구로부터 유출되는 다용도의 광물질 액체를 표현하기 위해 도입되었다. 아그리콜라는 용해된 광물을 포함한 그런 용액으로부터 광산이 만들어지며 그 용액들이 암석의 깨진 틈으로 스며들어 광물 **맥**을 형성한다고 주장했다. 같은 해 그는 지표 아래에 존재하는 물과 가스, 지하 생물, 금속의 고대 지리학적 분포에 대한 역사와 요약 등을 출판했다.

《화석의 성질에 대하여》(1546)는 아그리콜라가 현대 광물학의 아버지라 불리는 계기를 마련했다. 광물학이란 광물들의 분포, 식별 및 성질을 연구하는 학문이다. 당시 **화석**이란 용어는 지하에서 파낸 모든 것을 의미해 광물과 보석뿐만 아니라 오늘날의 화석에 해당하는 과거 유기생명체의 흔적들까지 포함했다. 그 책은 광물에 대한 이전 연구를 요약하고 있으며, 신비적인 용도로 사용된 잘못된 특성이 아닌 실제 물리적 특성에 기초하여 광물 분류를 처음 시도했다.

그는 형태, 색, 용해도, 강도, 밀도, 연소성 및 조직 등의 성질에 기초한 체계를 만들었다. 광물에 대한 기재는 아주 구체적이었다. 또한 책에서 그는 **원소**와 **화합물**을 구별하려고 시도했다. 오늘날 광물 분류는 화학 분석과 X선 회절 분석 및 **동위원소** 분석 등의 방법에 기초하기 때문에 현재의 학생들은 아그리콜라의 재능에 별

맥암 석의 균열이나 절리에 결정질의 광물이 침전된 것.

화석 보통 지각에 묻혀 있는 과거 지질시대에 살았던 생명체의 잔해.

원소 단 한 종류의 원자로 구성된 물질.

화합물 둘 이상의 원소로 만들어진 물질.

동위원소 동일한 양성자 수를 갖지만 서로 다른 중성자 수를 가지기 때문에 전체 원자 질량이 다른 둘 이상의 원자 중 하나.

다른 감흥을 받지 않을지도 모른다. 하지만 기억해야 할 것은 현대 화학적 지식과 방법이 당시에는 존재하지 않았다는 것이다. 아그리콜라는 많은 화석들과 현생 생물들의 유사성을 지적했지만, 더 구체적으로 다루지는 않았다.

아그리콜라는 1549년과 1550년에 **암석**, 산맥, 화산들의 성인에 대해 다룬 책들을 출판했다. 당시 그는 여러 주 동안 요아힘스타르를 방문해 한때 번영했던 도시가 행정의 잘못으로 쇠퇴한 것을 보고 아주 혼란스러워했다. 그리고 그 도시의

> 암석 광물로 이루어진 자연 고체물질. 생성 과정에 따라 퇴적암, 화성암, 변성암이 있다.

경제적인 부흥을 위해 새로운 광산을 탐사하도록 많은 돈을 지원했다.

1550년대 초 흑사병이 색소니에 몰아닥쳤다. 박테리아가 발생하고 쥐에 의해 확산되었던 이 전염병에 감염된 사람은 열이 나고 림프부종이 생겼다. 사망률은 75%에 이르렀고 처음 병의 증상이 나타난 후 며칠 만에 사망했다. 아그리콜라는 환자들을 밤낮으로 치료하느라 고되게 일했으며, 불행하게도 자신의 딸마저 병으로 잃고 말았다. 1554년에 그는 염병에 대한 그의 관찰과 연구를 기록한《전염병에 대하여》를 출판했다.

금속학에 대하여

아그리콜라가 생전에 이룬 많은 업적들 중에서 그가 사망한 후 4개월 뒤에 출판된《금속학에 대하여》는 그의 최대의 걸작이 되었다. 그의 저서인《베르마누스: 또는 금속학에 대한 대화》를 대폭 확장한《금속학에 대하여》는 광산 개발과 금속학 및 모든 광물들에 대해 다루고 있다. 그는 광석의 지질학을 설명했는데, 조사 방법과 광산의 개발과 배수 및 환기 방법 그리고 광부들이 사용한 도구들에 대해 자세히 다루어놓았다. 또한 광석을 분석하고, 운반하고 제련하는 방법과 제련과 정제 과정들을 토의했다. 이 책에는 고대 광산들의 위치와 목록도 기록되어 있다. 그는 광산 운영, 소유권 및 상업에 관련된 법규를 설명했고, 뿐만 아니라 암석들이 규칙적으로 층

층 보통 평행한 퇴적암 지층에 나타나는 하나의 부분.

광산 장비. 《금속학에 대하여》에 나오는 이 목판화는 광산 수직갱 위에서 물레바퀴가 도르래를 끌어당기는 모습을 보여준다. A) 굴대, B) 물레바퀴, C) 톱니바퀴, D) 차바퀴 모양의 드럼, E) 쇠 꺾쇠를 고정시킨 드럼, F) 두 번째 바퀴, G) 공.

채광하는 모습. 《금속학에 대하여》에 나오는 이 목판화는 사람들이 나무를 베고, 하천에 둑을 쌓고, 주석을 포함하는 돌을 얻기 위해 광석을 씻는 모습을 보여준다. A) 하천, B) 도랑, C) 곡괭이, D) 진흙더미, E) 갈퀴, F) 쇠로 만든 삽, G) 광석을 씻는 홈통, H) 다른 홈통, I) 나무로 만든 모종삽.

을 이루며 나타난다는 관찰을 비롯한 지질학의 중요한 사항들도 기록했다. 아그리콜라는 광석들이 특정 암석 내에 침전되어 있어도 암석들이 광석 자체보다는 더 오래되었다고 주장했다. 광석들은 광물이 녹아 있는 용액이 암석의 깨진 틈 속으로 주입되어 침전된 것이라고 했다. 금속학에서 화학분석의 중요성을 예견하면서 그는 당시 화학적 기술에 대한 내용을 포함시키고 유리 제작과 제련에 사용된 화학물질에 대해 다루었다. 이 책은 삽화들로도 유명한데, 이 목판화들은 100년 이상 일곱 번이나 개정되는 동안에도 계속 사용되었다.

개신교도와 천주교도 사이의 종교적인 갈등은 16세기 중반에 한층 고조되었다. 1555년 11월 21일 아그리콜라가 사망했을 때 개신교도와 천주교도는 그의 매장을 두고 논쟁을 벌였다. 비록 시장을 지낸 사람들에게 부여되었던 영예임에도 불구하고 개신교도들은 천주교도였던 그의 시신을 켐니츠 교구의 교회에 안치하고 싶어하지 않았다. 이에 따라 주교였던 오랜 친구의 중재로 차이츠 성당에 매장했다.

《금속학에 대하여》의 서문에서 아그리콜라는 추측보다는 관찰에 의존하는 것이 중요하다고 강조했다. 이것은 그가 살면서 실천한 것이었고, 그는 광물학을 하나의 직업에서 과학적 이론으로 탈바꿈시킨 것이다. 요술 지팡이, 마법의 결정과 뇌석의 시대는 지나갔다. 아그리콜라의 저서들은 번역하기 어려워 그의 일생 동안 그 진가를 제대로 인정받지 못했지만, 그의 업적은 지질 과학의 시가 되었다. 광물학과 금속학 분야의 진보는 당시 지식과 기술에 대한 집약적인 서술이 있고 난 뒤에야 가능한 것이었다.

광업과 금속학

광업은 지구로부터 고체 광물 또는 광석을 추출해내는 것을 말한다. 광물은 자연산이며 일정한 화학 조성을 가진 무생물로, 질서정연한 특징적인 구조를 가진다. 광물에는 보석과 금속도 포함된다.

광석이란 상업적으로 가치 있는 광물 성분을 얻기 위해 채굴되는 것으로 건축 자재부터 보석에 이르기까지 다양하다. 광업은 철, 석탄, 금, 구리, 다이아몬드, 인, 자갈 등의 물질들을 얻기 위해 필요하다.

지표 근처의 광산으로부터 광물들을 추출해내는 방법은 다양하다. 지표에서의 채굴이 값싼 반면, 지하 굴착은 깊은 곳의 광산이나 광석을 추출할 때 폐석이 양산되는 경우에 선호되는 방법이다. 아그리콜라의 시대와는 달리 오늘날은 지하 광부들의 안전 문제가 많이 개선되었다. 환기구를 통해 신선한 공기의 유입과 유해 가스와 먼지들이 제거되기 때문이다. 관정은 액체나 가스 물질을 채굴하는 데 이용된다.

채굴 후에 금속 광석은 제련소라는 공업 시설로 운반되어 일단 미가공 상태의 금속 산물로 생산된 다음 좀 더 순도 높은 상태로 정제된다. 금속학은 광석에서 금속을 추출해내고, 금속을 정제시키고 유용한 물질을 만들어내는 과학 기술을 말한다. 금속학은 크게 추출금속학과 물리금속학으로 나뉜다. 추출금속학은 광석으로부터 금속을 뽑아내고 그것들을 정제하는 것을 포함하는 반면, 물리금속학은 금속의 최종 사용 목적에 관련된 것이다.

석탄 압축되고 분해된 식물의 잔해로부터 만들어진 연소성의 유기 퇴적암.

제련소 금속 성분을 분리하기 위해 광석을 녹이는 시설.

연 대 기

1494	3월 24일 독일 글라우하우에서 출생
1514~18	라이프치히 대학에서 공부
1518~22	츠비카우의 한 학교에서 라틴어와 그리스어를 가르침.
1520	첫 번째 작품인 《문법의 요소들과 간단한 설명서》를 씀
1523~26	이태리 볼로냐 대학과 파도바 대학에서 의학을 공부
1520	1520년대 초 알디나 출판사에서 근무
1527~33	요아힘스타르의 마을 의사로 봉사
1530	《베르마누스: 또는 금속학에 대한 대화》를 출판
1531~33	경제학과 정치학에 관한 책들을 출판
1533	켐니츠에서 마을 의사로 일하기 시작
1534~54	주 의회 역사가로 봉사
1546	켐니츠의 시장과 신성 로마황제 샤를르 5세에 파견되는 대사로 임명. 《지하로부터의 물질의 출현에 대하여》와 《화석의 성질에 대하여》를 출판
1554	《전염병에 대하여》를 출판
1555	11월 21일 켐니츠에서 사망
1556	《금속학에 대하여》가 사후에 출판

상어 이빨을
연구함으로써
지질학 분야를
개척했다.

해부학 및 지질학의 선구자,

니콜라우스 스테노

Nicolaus Steno
(1638~1686)

지구의 역사를 파헤친 탐정

 니콜라우스 스테노는 수십억 년의 세월 속에 감춰진 단서로부터 지구의 역사를 파헤치는 탐정이었다고 할 수 있다. 그는 지구가 지질층 또는 암석의 수평층의 구조로부터 그 비밀을 드러낸다고 믿었다.

 비록 숙련된 해부학자로 시작했지만, 스테노는 지질학적 연구를 통해 세 가지 주요 원리를 정립한 지질학의 아버지라고 일컬어지고 있다. 그 원리들은 누중의 법칙, 고유 수평성의 원리 그리고 측면 연속성의 원리이다.

 지질학의 새로운 영역에서 이러한 기본적인 법칙들을 만든 이후에 그는 과학을 그만두고 자신의 남은 삶을 북유럽에서 천주교 선교에 헌신했다.

과학에 대한 흥미

닐스 스텐센은 1638년 1월 1일 덴마크 코펜하겐에서 스텐 페데르슨과 앤 닐스다터 사이에 태어났다. 숙련된 금 세공인이었던 스텐의 주요 고객 중 한 사람은 덴마크 왕이었다. 비록 왕이 제때에 수고비를 지급하지는 않았지만, 스텐 페데르슨 가족은 편안한 생활을 누릴 수 있었다. 세 살에서 여섯 살 때까시 알 수 없는 병으로 고생하던 닐스가 회복되자 그의 아버지가 세상을 떴고, 가족의 수입원이 없어졌다. 앤은 곧바로 재혼했지만 상당히 불안정했던 어린 시절 닐스의 생애에 영향을 미치기에 충분했다. 게다가 1600년대 중반의 덴마크는 30년 전쟁으로 인해 1618년 이래로 황폐된 유럽과 천주교도와 개신교도들 사이의 권리와 원리 다툼과 충돌로 인해 어려운 시기였다. 또 1654~1655년에 전염병이 덴마크 인구의 3분의 1 이상을 죽음으로 몰아넣었다.

당시 닐스는 루터 아카데미인 보르 프루에 스콜에 다녔는데, 학생의 절반이 전염병으로 사망했다. 당시 교육받은 사람들에게 보편적이었던 것처럼 그의 이름도 라틴어로 개명되었는데, 처음에 니콜라이 스테노시스였다가 나중에 니콜라우스 스테노로 바뀌었다. 스테노에게 라틴어를 가르쳤던 올레 보르크는 여러 주제에 관심을 가졌던 존경받는 의사였다. 스테노를 과학의 길로 인도했던 것으로 보이는 보르크는 스테노를 감동시킨 많은 과학적인 시범을 보여주었다. 이들은 자연철학과 과학철학을 함께 공부하며 좋은 관계를 유지했다.

1656년 스테노는 의학을 공부하기 위해 코펜하겐 대학에 입학했다. 나라가 스웨덴과 전쟁 중이었기 때문에 공부하기에 좋은 시절은 아니었다. 많은 교수들과 학생들이 전쟁에 참여했고 교육을 위한 최소한의 인원만이 남았을 뿐이었다. 하지만 스테노는 이 기간 동안 책들을 탐독하며 카오스라는 일지를 작성했는데, 그 속에는 스테노의 공부, 내적 갈등, 개인적 성향, 문학에 대한 감상 등이 기록되어 있다.

조가비 문제

코펜하겐 대학의 **해부학** 교수였던 토마스 바르톨린은 온몸 속으로 **림프**를 운반하는 혈관의 발견으로 유명했다. 림프는 투명하고 노란 액체로 면역 체계와 몸속으로 특정 물질을 운반하는 데 중요한 역할을 한다. 바르톨린은 스테노가 대학에 입학하기 직전에 은퇴했음에

> **해부학** 생명체의 구조를 과학적으로 연구하는 학문.
> **림프** 면역체계와 신체 내의 물질 수송에 중요한 역할을 하는 투명하고 노란 액체.

도 불구하고 친하게 지냈는데, 해부학에 대한 지식뿐만 아니라 유명한 조가비 문제도 스테노에게 소개해주었다.

산악지대에 분포하는 암석 내에서 조가비와 바다 생물체를 닮은 것들이 발견되었다. 비록 그 형태가 바다 생물과 닮았지만 그 조성은 전혀 달라서 부서지기 쉬운 조개라기보다는 단단한 암석에 가까웠다.

조가비와 닮은 이것들이 자연적으로 자라난 것일까? 아니면 옛날 바다 생물의 흔적인 것일까? 천주교도와 개신교도들이 서로 동의한 한 가지 사실은 지구와 모든 생물은 전능한 하나님이 창조했으며, 땅과 바다는 창조의 셋째 날에 분리되었고, 새와 물고기는 다섯째 날에 만들어졌다는 것이었다. 만약 화석들이 과거 바다 생물들의 흔적이라면 왜 마른 땅에 포함되어 있는 것일까?(당시에 화석이란 용어는 지구에서 만들어진 물질이라는 뜻이었다) 가능성이 있는 설명 중 하나는 창세기에 기록된 대홍수였다. 하지만 짧은 기간에 전체 지구가 물에 덮였다면 움직임이 둔한 조개들이 멀리 떨어진 지역까지 이동할 시간이 충분하지 않았을 것이다. 게다가 그것들은 다른 물질로 되어 있다. 여러 논쟁들이 오갔고 이 패러독스는 몇몇 사람들을 괴롭혔다. 스테노는 바르톨린의 의견을 경청하며 자신의 카오스 일지에 화석에 대한 여러 가지 사항을 기록했다. 그동안에도 스테노는 의학 공부하며 특히 해부학에 관심을 가졌다.

수학을 공부하고 싶어 했지만 의학 쪽이 훨씬 전망이 좋아 선택했던 스테노에게 해부학은 아주 명료하고 논리적으로 보였다. 아마도 그것이 그의 수학적 열망을 진정시켜 주었을 것이다.

코펜하겐에서 3년을 보낸 뒤 스테노는 바르톨린의 소개장을 가지고 네덜란드로 떠났다. 암스테르담에 도착한 스테노를 돌봤던 사람은 바르톨린의 의사 친구였던 게르하르트 블래스였다. 암스테르담에서 블래스는 스테노에게 해부학 강의를 개인지도해 주었다.

침샘관의 발견

어느 날 스테노는 도살된 양의 머리에서 턱 주변에 있는 동맥과 정맥을 조사하고 있었다. 그는 턱을 절개한 뒤 금속 탐침을 집어넣었는데, 그때 갑자기 이빨이 부딪치면서 쩽하는 소리가 들렸다. 자세히 조사해보니 아직 알려지지 않았던 관이 귀밑샘에서 구강으로 연결되어 있었다. 귀밑샘은 침을 입으로 공급한다. 그는 이 사실을 블래스에게 알렸지만 블래스는 스테노의 발견을 실수로 처리했다. 그는 스테노가 우연히 양의 뺨 쪽으로 탐침을 집어넣었다고 믿었지만 스테노는 절개하는 기술에 자신이 있었다. 그래서 블래스에게 결코 뺨에 구멍을 내지 않았다고 설명했지만 블래스는 그것이 기형이었을 것이라고 반박했다.

석 달 동안 암스테르담에 머문 뒤 스테노는 라이덴으로 가서 1660년에 대학교에 입학했다. 그는 새 교수에게 절개에 대해 다시 얘기했고, 그 관이 새로운 발견임을 직감한 교수는 그 발견을 보고했다. 이 소식이 암스테르담에 전해지자, 블래스는 자신의 발견을 스테노가 훔쳤다고 화를 냈다. 그리고는 서둘러 새로 발견된 관에 대한 그의 설명을 출판했다. 이에 스테노는 몹시 실망했지만 유명한 해부학자인 블래스에게 공식적으로 대항할 수는 없었다. 스테노는 해부학지로시의 그의 기술을 증명하기 위해 더 열심히 일했다. 절개에 대한 연구를 계속했던 스테노는 1662년에 《샘에 대한 해부학적 관찰》을 출판하여 귀밑샘뿐만 아니라 머리에 있는 모든 선들에 대해 기술했다. 차근차근 명성을 쌓으며 아주 숙련된 해부학자만이 할 수 있는 기재를 제시함으로써 스테노는 결국 블래스가 쓴 논문의 부적절함을 밝힐 수 있었다. 오늘날 귀밑샘으로부터 구강으로 연결된 관은 '스텐센 관'이라 부른다.

그의 계부가 1663년에 사망하자 스테노는 잠시 코펜하겐으로 돌아왔다. 1664년에는 라이덴에서의 연구 결과를 《근육과 샘에 대하여》로 출판했다. 같은 해 스테노는 라이덴 대학으로부터 의학 박사학위를 받았다. 그는 코펜하겐 대학에서 자리 잡고 싶었지만 거절당하자 코펜하겐을 떠나 1년 동안 파리에 머물렀다.

데카르트의 회의론

스테노는 배움에 있어 최선의 방법은 흥미를 가진 사물을 직접 연구하는 것이라고 믿었다. 예를 들어 시를 이해하기 위해서는 그 시에 대한 학자의 해석을 읽기보다는 스스로 시를 읽는 것이다. 만약 식물학에 호기심이 있다면 식물을 관찰하고 책에서 그림을 찾아보는 것이다. 엄청난 독서량을 보여주던 스테노였지만 그는 책이 절대적이라고는 믿지 않았다. 진보를 위해서는 증명이 필요했다. 17세기 프랑스의 철학자이자 수학자였던 르네 데카르트는 최초로 사물을 체계적으로 의심해보는 방법을 보편화시켰다. 직접적인 관찰 또는 다른 신빙성 있는 증거가 절대적인 확신을 위해 필요했다. 젊은 덴마크인은 이 새로운 철학에 동의했다.

1665년까지 스테노는 뇌의 해부에 몰두했다. 비록 뇌의 구조와 기능에 대한 많은 책들을 썼지만 스테노는 파리의 대중 강의에서 그 기관에 대해 아는 것이 없다고 고백했다. 그런 과감한 선언으로 대중을 놀라게 한 이 뛰어난 해부학자는 배움에 대한 그의 철학을 설명했다.

소위 해부학자들이 수세기 동안 뇌를 토막 내고 알려진 절개 방법만 따르면서 기록해놓은 것들을 의지하기보다는 그 자신의 방법으로 심도 깊은 연구 계획을 세웠다. 스스로 관찰한 것만을 받아들였던 스테노의 〈뇌의 해부에 대한 논문〉은 그의 과학 철학과 그 속에 담긴 내용의 가치를 인정받아 지금도 기억되고 있다.

스테노에게 처음 데카르트 철학을 소개한 사람은 올레 보르크였다. 스테노가 처음 데카르트의 회의론을 받아들였을 때 그는 데카르트가 얘기하고 있는 것에 대한 실천적인 요소가 부족하다는 것을 걱정했다. 예를 들어 심장의 기능은 수세기 동안 의사들에게는 신비한 것이었다. 고대 그리스 철학자 아리스토텔레스는 심장이 사람의 감성과 지성에 관여한다고 믿었다. 2세기에 갈레노스는 심장이 신체의 열원이며 영혼이 머무는 자리라고 말했다. 심장은 피를 통해 신체의 여러 곳으로 생명의 영혼을 전달하며 생물에게 삶을 제공한다는 것이다. 피가 심장을 통과할 때, 심장은 뜨거워지고 확장되며 마침내 피는 동맥으로 흘러들어간다. 라이덴에 돌아온 스테노는 이런 관점에 흥미를 가지고 연구를 시작했다. 그는 인근 푸줏간에서 수소의 심장을 구입한 뒤 기관을 덮고 있는 외부 층들을 조심스럽게 벗겨내고 근육 조직과 유사한 섬유들을 관찰했다. 그 섬유들은 수축하면서 피를 동맥으로 내보내는 식으로 정렬하고 있었다. 스테노는 토끼의 근육을 절개해 수소의 심장과 비교했다. 그리고 근본적으로 동일하다는 것을 발견했다. 스테노는 심장이 피를 신체로 내보내는 역할을 수행하는 근육에 불과하다고 결론 내렸다. 때때로 사물은 보이는 것처럼 단순하다. 하지만 이 경우는 그를 당혹스럽게 만들었고, 그는 데카르트의 철학에 대한 신념을 잃어버리기 시작했다. 이런 의문을 가진 채 그는 암스테르담에서 파리로 갔다.

《정념론》에서 데카르트는 인간의 신체가 단순히 기계에 불과하고 뇌의 송과선이 영혼의 느낌에 따라 신체의 움직임을 조정한다고 주장했다. 그는 송과선이 꼭두각시처럼 줄을 당기면 움직이는 역할을 한다고 생각했다. 데카르트는 조잡한 절개나 다른 사람들의 부적절한 기록들에 기초해 터무니없는 가정을 한 것처럼 보였다. 파리에서 실시한 뇌 절개에서 스테노는 송과선이 완전히 정지되었음을 발견했다. 데카르트가 주장한 것처럼 그 기능을 수행할 수 있는 방법은 없었다. 데카르트식 해부학은 실험에 근거한 것이 아니라 잘못된 연역적인 근거와 추측에 기초하는 것이었다. 스테노는 이 결론에 너무나도 혼란스러웠다.

데카르트가 기본적인 해부학적 사실을 증명할 수 없었는데 어떻게 신의 존재에 대한 데카르트의 이성적인 증거를 받아들일 수 있을까? 신앙심이 깊었던 스테노에게 이 사건은 그를 정신적으로 불안하게 만들었다. 그럼에도 불구하고 그는 데카르트와는 달리 과학에 대한 단순한 접근을 유지했다. 파리 사람들은 그가 존경받는 데카르트의 문제점을 지적하는 것을 원하지 않았으며, 이 사실에 실망을 느낀 스테노는 짐을 꾸려 파리를 떠났다.

근육 수축에 대한 연구

1666년 그는 알프스를 넘어 이태리 플로렌스에 도착했는데, 오면서 조가비 문제를 떠올렸다. 그는 웅장한 산맥의 위세에 압도당했으며 암석층을 직접 관찰하게 된 것에 기뻐했다. 그는 또한 실험과학에 몰두하고 있는 유사한 성향의 철학자들을 발견하고 즐거워했다. 그들 중 프란체스코 레디라는 황태자의 주치의가 있었는데, 그는 또한 자연발생을 반박하던 학자였다. 당시 사람들은 파리가 배설물이나 썩은 고기로부터 소생한다고 믿고 있었다. 그러나 레디는 만약 고기가 그물로 덮여 있어 접근할 수 없으면 파리가 생기지 않는다는 것을 보여주었다. 파리는 알을 낳고 구더기가 성장하도록 유기물질에 접근할 수 있어야 한다.

레디는 실험과학에 전념하는 그룹인 아카데미아 델 치멘토의 회원이었다. 이 그룹은 메디치가의 페르디난도 2세 투스카니 황태자와 그의 동생 레오폴도 왕자의 후원을 받고 있었다. 지성이 넘치는 메디치가의 형제들은 자선가였을 뿐만 아니라 아카데미아 델 치멘토의 실험과 토론의 활발한 참가자들이었다. 그들은 기꺼이 실험에 필요한 재료들을 제공했으며, 스테노를 환영했다. 황태자는 그에게 산타 마리아 누오바 병원에서 의사로 일하도록 했으며, 개인 연구를 할 수 있는 충분한 시간도 주었다.

스테노는 근육 수축을 포함한 새로운 연구를 진행했다. 해부학자들은 근육이 움직이는 이유가 무엇인가가 그것을 누르기 때문이라고 믿고 있었지만, 근육은 스스로 수축하는 것처럼 보였다. 어떻게 이런 일이 일어나는 것일까? 분명 그것은 송과선이 아니었다. 하나의 가정은 액체가 흘러들어 근육을 부풀리게 하는 것이었다. 아카데미아 델 치멘토의 다른 회원들로부터의 지원을 받아 스테노는 이 문제를 파고들었다. 기하학적으로 근육이 수축될 때 늘어나거나 오그라들지 않음을 보였다. 수축에 의해 근육 섬유들의 모양이 변하더라도 전체적인 부피는 일정했다. 이 결과는 1667년에 《근육의 지식에 대한 요소들》로 출판되었다.

글로소페트라

근육 수축에 대한 연구 결과가 출판되기를 기다리는 동안 1666

년 가을에 리보르노 근처 해안에서 무게가 1,270kg이나 나가는 엄청나게 커다란 백상어가 잡혔다. 페르디난도는 스테노에게 그 대가리를 절개하도록 부탁했으며, 그것을 플로렌스로 가져왔다. 많은 청중 앞에서 스테노는 조심스레 피부와 부드러운 세포 조직을 절개하고 신경과 작은 뇌를 조사했다. 그 흥분되는 광경은 쉽사리 믿기 어려웠을 것이다. 그 괴물의 이빨은 거의 7.6cm 크기였고 턱에는 13줄의 이빨이 있었는데, 스테노는 이빨 모양에 주의를 기울였다. 그것들은 바르톨린에게서 처음 배웠고 조사해보았던 화석 모양과 흡사했다. 설석(혀의 돌)이라고 불리기도 했던 **글로소페트라**는 단단하고 검고 톱니 모양 삼각형의 돌이었다. 그 돌에는 마법적인 힘이 있다고 생각

글로소페트라 화석화된 상어 이빨로 옛날에는 초자연적인 힘에 의해 돌로 변한 뱀의 혀로 생각되었다.

되어 언어장애부터 독약에 이르기까지 모든 것에 처방되었다. 아무도 그것이 어디서 왔는지 알지 못했다. 몇몇 사람은 그것이 딱딱해진 딱따구리의 혀라고 생각했고, 또 어떤 사람들은 하늘에서 떨어졌다고 생각했다. 주로 큰 비가 내린 후에 발견되었기 때문에 번개 칠 때 깎인 모서리라는 것이다. 또 다른 설명은 성경적인 것이었다. 사도 바울이 몰타 섬에서 독사에게 물렸지만 상처를 입지 않았다. 몰타 사람들은 바울이 그 독사를 저주하여 독으로부터 해를 당하지 않았으며, 자연이 이 기적을 기념하여 독사 이빨 모양의 글로소페트라를 자라게 했다고 생각했다. 스테노는 그 돌이 상어 이빨과 신기할 정도로 닮았다고 생각했다.

애리조나 주 그랜드캐니언 국립공원의 야바파이 포인트에서 찍은 이 사진에는 수평층의 모습이 아주 잘 나타나 있다.

   그는 그가 들은 모든 이야기를 의심했으며 이 글로소페트라의 성질을 조사하는 데 빠져들었다. 스테노는 그 설석과 상어 이빨을 비교한 최초의 인물은 아니었지만, 만약 그것이 상어 이빨이라면 어떻게 육지에서 발견되었는지 그리고 왜 그것의 조성이 상어 이빨과 다른 것인지에 대한 의문을 품고 조사했다. 그리고 그것은 스테노에게 조가비 문제를 상기시켰다. 실제로 땅에서 발견된 해양 생물들은 글로소페트라 부근에 있었다. 그러나 보편적인 생각은 그것이 땅에서 왔다는 것이었다. 땅에는 석화액이라는 광물 성분이 많은 용액이 있으며, 설명하기 어려운 '조형력'이 예전에 존재하지 않던 형태를 만들었다는 것이었다. 사람들은 그들이 모든 암석을 보았으며 다른 무

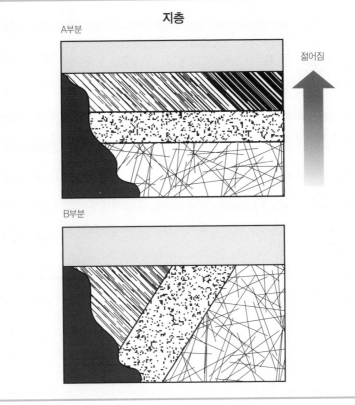

지층

A부분

젊어짐

B부분

퇴적물은 편평하게 쌓여 수평층을 만든다(A부분). 지질학적 작용이 원래의 지층을 경사지게 만든다(B부분).

생물들이 도로나 들판에서 성장하고 증가한다고 주장했다. 몇몇 화석이 현생 해양 생물과 닮은 것은 자연의 속임수라는 것이다.

조사를 시작한 스테노는 글로소페트라와 상어 이빨을 나란히 놓고 비교해 둘이 같음을 발견했다. 자연 성장 이론을 지지하는 대부분의 논의는 논리적인 이유로 반박되었다. 그는 그의 믿음을 뒷받침하는 해부학적 증거를 기술했다. 그리고 화석이 만들어지는 동안 형태는 보존되더라도 화학 조성은 변할 수 있다는 주장을 조심스럽게 황태자에게 보고했다. 또 글로소페트라가 실제로는 화석화된 상어 이빨이라고 말했다.

그는 예비조사에 이어 지구에 대해 깊게 알려고 했으며, 자연의 역사에 대해 계속 연구하기를 원했다. 마치 신체를 이루는 여러 부분들의 구조가 각각의 기능을 가지고 있듯이 지구의 구조 역시 나름대로의 기능이 있을 것이라고 믿었다. 또 조가비가 왜 산에서 발견되는지뿐만 아니라 어떻게 산이 거기에 생겨났는지에 대해서도 궁금해했다. 과거의 추측이나 성경적인 이야기에 의존하기보다는 지구를 연구하여 얻는 것이 그 역사에 대한 진실을 규명하는 것이 중요하다고 생각한 그는 아주 독실한 신자임에도 자신의 종교적 신념에 대해 비판적인 시각을 가지기 시작했다. 루터 교도들이 성경을 문자 그대로 받아들여야 한다고 믿었던 반면, 천주교도들은 좀 더 관대했다.

자기 주위의 자연을 관찰하면서 시간을 보낸 뒤 스테노는 창조가 며칠 만에 일어났다는 사실을 받아들이는 데 고민해야 했다. 그가 지구로부터 관찰한 것들, 즉 지층, 산맥 그리고 화석들은 다른 이야기를 들려준 것이다.

몇몇 화석들의 형태가 현생 해양 생물들의 원래의 형태와 유사하다는 것은 조개들이 무른 진흙층에 묻혔다는 사실을 말해주었다. 그리고 원래의 형태를 유지한 채 진흙과 같은 **퇴적물**들이 더 단단해져서 암석이 되었다. 암석 위에 다른 암석이 쌓였다. 그는 더 나아갔다. 지구 지층의 질서정연한 수평의 층상 배열에 주목하며, 그 층들이 액체의 바닥에서 가라앉은 퇴적물로부터 유래되었다고 생각했다. 액체는 표면

을 일정하게 퍼져나가며, 액체 속에 포함된 광물들과 입자들은 앞서 만들어진 층 위에 무거운 것부터 낙하했음에 틀림없다. 또한 각 층은 지구 표면을 따라 연속적으로 퍼져 있지만, 때로는 어떤 커다란 구조가 액체의 흐름을 방해하기도 했을 것이다. 게다가 아래의 층은 그 위의 층이 단단해지기 전에 이미 굳었음에 틀림없다.

이 과정이 반복적으로 일어나면 각 층은 지질학적 시대에서 그 역사의 부분을 이루게 된다. 스테노는 이런 과정이 성경 연대기로부터 계산된 지구 나이 6,000년보다는 더 오랜 시간이 걸릴 것으로 생각했다.

과학자들은 오늘날 지구의 나이를 약 46억 년 정도로 결정하고 있다. 스테노는 1667년에 상어 머리 절개와 더불어 그의 발견 중 일부를 출판했는데, 당시 인쇄 중에 있던 그의 근육에 관한 논문에 부록으로 첨부시켰던 것이다.

지질학이라는 새로운 체계, 《프로드로무스》

감명받은 황태자는 그에게 급료를 지불했으며, 스테노는 아카

데미아 델 치멘토의 정식 회원이 되었다. 그는 모든 경비를 지원받아 새로운 지질학적 흥미 지역을 **탐사**할 수 있었다. 화석을 수집하고, 산맥을 오르고, 지층을 조사하면서 투스카니 주변을 돌아다니는 중에도 그는 잠깐씩 해부학에도 손을 댔는데 놀라운 결론에 도달하게 되었다. 많은 동물종의 암컷들이 알을 낳는 것은 분명하지만, 새끼를 낳은 암컷들조차도 난소에서 알을 생산한다는 것을 밝혀낸 것이다. 이것은 중요한 발견으로, 당시 사람들은 암컷들이 단지 수컷들로부터 공급받은 종자를 부화시키는 역할만 한다고 믿고 있었기 때문이다. 스테노는 대부분의 시간을 지구의 역사를 밝히는 데 사용했다. 말 그대로 지구를 해부한 것이다. 다시 말해 지구를 뚜렷하고 독특한 지질학적 지층들로 해부한 것이다. 이처럼 스테노는 과학적 자유를 즐겼으며 많은 발전을 이룩했다.

1667년 가을에 그의 인생에 지대한 영향을 준 세 가지 사건이 벌어졌다. 첫 번째는 레오폴도가 추기경에 선출되어 더 이상 아카데미아 델 치멘토를 운영할 수 없게 된 것이다. 두 번째로 덴마크 왕으로부터 편지를 받았는데 고국으로 돌아온다면 충분한 급료를 지불하겠다는 것이었다. 마지막으로 스테노는 천주교로 개종했는데, 이 사실은 덴마크 왕을 불쾌하게 만들었다. 덴마크에서는 천주교가 금지되어 있었기 때문이다. 스테노는 자신의 종교적 개종을 설명하는 답장을 왕에게 보내야만 했다.

예전 같으면 그가 덴마크에서 좋은 지위를 갖는 것이 감격스러운 일이었겠지만, 덴마크는 이탈리아만큼 그의 연구에 필요한 지질학적 재료가 풍부하지 않았다. 새로운 연구들이 종착점에 이르렀음을 느낀 스테노는 서둘러 조개들과 지층과 결정들에 대한 관찰을 계속해나갔다. 1668년에 그는 해석집《고체들에 자연적으로 둘러싸인 고체들에 관한 논문의 서론》을 써나가기 시작했다. 이 책은《프로드로무스》로 흔히 알려져 있으며, 스테노로 하여금 지질학의 창시자라는 명칭을 얻게 한 최대의 걸작이었다. 전체 연구 내용이 실리지는 않았지만,《프로드로무스》는 명료하게 설명된 이성적인 아이디어를 묶어놓은 것으로 지질학이라는 새로운 과학의 체계를 만들어놓았다.

《프로드로무스》에 기록된 원리들은 미래 지질학적 연구의 기초를 마련한 것이다. 고체가 다른 고체에 어떻게 둘러싸여 있는지의 중심 문제를 언급하면서 스테노는 세 가지의 주요 지질학적 원리들을 밝혀냈다. **누중의 법칙**은 지구 지각의 지층에 나타난 층들이 상대적인 지질학적 시기를 나타낸다고 설명하고 있다. **퇴적암**의 각 층은 위로 갈수록 젊고 아래로 갈수록 오래되었다. 층이 형성되었을 때 가장 위쪽의 물질들은 아직 유체 상태였고, 그 아래층은 이미 단단해졌다. **고유 수평성의 원리**는 퇴적물의 층들이 물 또는 바람에 의해

> **누중의 법칙** 교란받지 않은 암석층의 기둥에서 오래된 층은 아래에, 젊은 층은 위에 나타난다고 하는 층서학의 법칙.
>
> **퇴적암** 기존 암석의 풍화산물들이 운반되고 퇴적되고 고화되어 형성된 암석.
>
> **고유 수평성의 원리** 물에서 가라앉는 퇴적물은 지구 표면에 평행하게 수평적으로 퇴적된다고 설명하는 법칙.

퇴적된 이후에 수평을 유지한다는 것이다. 만약 지층이 경사져 있다면 그것은 퇴적 이후에 지각의 배열을 붕괴시킨 격렬한 사건의 결과인 것이다. 예를 들어 화산 분출이나 강한 물의 흐름이 질서 정연한 층의 연속성을 교란시킬 수 있다. **측면 연속성의 원리**는 지층이 모든 방향으로 분포할 수 있거나 둥근 지구를 에워쌀 수 있음을 설명한다. 비록 이 원리들이 오

> **측면 연속성의 원리** 암석 단위가 방해받지 않는 한 측면으로 계속 확장된다고 하는 이론.

늘날에는 너무 단순하게 보일지 모르지만, 스테노는 이 원리들을 명확하게 언급한 최초의 인물이었다. 결정의 형성에 있어서 각 결정의 면들 사이의 각도가 크기와 모양에 상관없이 일정하다는 사실을 알아낸 것도 스테노로, 이것을 면각 일정의 법칙이라 부른다.

당시에 서적들은 검열관의 허락을 받기 전에는 출판될 수 없었다. 《프로드로무스》에 대한 첫 번째 검열관 빈첸초 비비아니는 우호적인 추천서를 써주었다. 상당히 보수적이었던 두 번째 검열관 레디는 그것을 몇 달 동안이나 붙잡고 있었다. 그러던 중 스테노는 덴마크 왕으로부터 코펜하겐의 왕실 해부학자의 직위 수여와 그가 바라던 교수직을 약속하는 편지를 받았다. 스테노는 《프로드로무스》의 출판에 대한 조정을 비비아니에게 맡기고 코펜하겐으로 돌아가 2년간 머물렀다. 그런데 그 시간은 행복한 시간은 아니었다. 그의 연구와 정신은 고통받았으며, 결국 1674년 왕을 떠나 플로렌스로 돌아와야만 했다.

천주교 포교에 헌신

1675년 새 황태자가 스테노를 자신의 열한 살짜리 아들의 가정교사로 채용했다. 스테노는 서품을 받았으며 청빈의 서약을 했다. 교황은 그를 1677년에 주교로 임명했다. 그는 일생을 금욕적인 생활을 했으며, 북부 독일, 덴마크와 노르웨이에서 천주교 포교에 전념했다. 그는 가난한 사람들을 위해 일했으며 사제직에 흥미를 가지려 노력했다. 많은 개신교도들이 스테노의 영향으로 천주교로 개종하기도 했다.

그의 생애 마지막 해는 너무나도 황량했다. 1684년에 그는 교황에게 그의 책무에 대한 해방을 탄원했다. 행복한 나날을 보냈던 플로렌스로 돌아가길 원했던 그의 요구는 받아들여져 공식적인 허가를 받았지만, 떠나기 전에 슈베린에 잠시 들러 그곳의 새 교회를 강건하게 만드는 데 일조하라는 요청을 받았다. 불행하게도 스테노가 도와야 할 사제가 병들었고, 북부 독일에서 잠시 머물 예정이던 그는 그곳에서 2년을 보냈다.

시간이 갈수록 자기 절제와 희생이 극도로 치달았던 스테노는 심지어 주교 반지와 십자가를 판 돈을 사람들에게 주기까지 했다. 과중한 업무, 수면 부족, 단식 그리고 건강에 대한 부주의가 겹치면서 스테노는 길수록 병약해졌다. 그리고 담석 진단을 받았으며 그는 몸이 부풀어 오르고 복부가 찢어지는 것 같았다. 그는 그의 마지막 성사를 도와줄 한 사제를 불렀으나, 그가 제시간에 오지 못할 것을 알았기에 집에 모인 사람들 앞에서 참회하고 그가 천주교로 개종시킨 신도에게 병자와 사자를 위한 기도를 부탁했다. 1686년 11월 25일 슈베린에서 48세의 나이로 세상을 떠났을 때 그가 가지고 있던 전부는 몇 벌의 해진 옷뿐이었다.

스테노는 11개월 뒤에야 묻힐 수 있었다. 그의 유해는 책을 담던 상자에 넣어져 선편으로 함부르크에서 플로렌스로 운반되었다. 만약 선원들이 그 상자에 무엇이 담겼는지 알았다면 그 상자를 운반하지 않았을 것이다. 스테노의 시신은 산 로렌초 교외의 메디치가 지하 묘지에 매장되었다.

스테노의 출생으로부터 300년 뒤, 덴마크 순례자들이 스테노를 성자로 추대했다. 1953년 스테노의 유해는 작은 교회로 옮겨졌고 거기서 제단이 만들어졌다. 교황 피오 6세는 그의 신성함을 증명할 정보를 수집하기 시작했다. 하나의 기적적인 치유의 사건이 증명되어 1988년 10월 23일 교황 요한 바오로 2세에는 스테노를 성인보다 한 단계 아래인 시복으로 인정했다.

스테노의 과학적 경력은 짧았지만 300년 전에 출판되었던《프로드로무스》는 오늘날에도 인정받고 있으며 그의 아이디어는 현재의 모든 지질학 교과서에서 다루어지고 있다. 1969년 덴마크 지질학회는《프로드로무스》출판 300주년을 기념하여 지질학 분야에서 뛰어난 업적에 대해 스테노 메달을 수여하기 시작했다.

스테노의 연구는 많은 논쟁을 불러일으켰다. 그러나 단순하지만 확실하게 보이는 자연현상을 명료하고 공개적으로 언급했다는 데 스테노의 위대함이 있다. 사람들은 영혼의 안식처로서의 심장이 단지 근육에 불과하다는 것을 믿으려 하지 않았다. 게다가 상어 이빨의 유기물질이 광물질화 되었다는 것은 얼마나 놀라운 사실인가? 가장 논란이 컸던 것은 과학자들이 지구의 탄생을 이해하기 위해서는 초자연적인 계시가 아니라 지구 자체를 조사해야 한다는 스테노의 주장이었다. 연약한 덴마크 사제가 수십억 년 동안 기다려온 이야기를 읽어냄으로써 지질학 분야를 개척한 것이다.

데카르트 철학

  프랑스 수학자 르네 데카르트(1596~1650)는 근대 철학의 창시자로 여겨
진다. 데카르트는 해석학적 기하학을 만들었는데, 기하학적 해석이 대수학
적 문제를 푸는 데 사용되며, 대수학은 기하학적 문제를 푸는 데 사용된다.
그는 세 권의 주요한 업적, 즉《방법서설》(1637),《성찰》(1641),《철학의 원
리》(1644)를 출판했다. 철학자로서 그는 모든 세계의 현상을 설명하길 원했
지만 전통적인 철학적 및 신학적 방법론에 실망하고 있었다.

  《방법서설》에서 데카르트는 논리학과 수학의 방법론을 철학에 접목시키
려고 시도했다. 그는 과학적 지식이 단순히 옛것에 더해지는 정도가 아니라
처음부터 다시 정립되어야 한다고 생각했고, 이를 위한 법칙들을 제안했다.
가장 중요한 원리는 아주 명료하고 뚜렷하며 의심의 여지가 없다고 생각되
는 명제만을 진실로 받아들이는 것이었다. 과학적 혁명이 가까워지자 회의
에 대한 체계적인 과정이 근대 과학의 신념이 되었다.

  데카르트는 인식론, 자연 탐구 및 지식의 원천에 대한 전문가이기도 했다.
그는 지식이 절대적인 확실성을 요구한다고 생각하며 모든 것에 대한 회의
가 필요하다고 강조했다. 그가 예전에 생각하고 알던 모든 것들은 잠재적으
로 그릇된 논리나 감각에서 유래되며, 따라서 의심해봐야 한다. 이것은 그를
단 하나의 확실한 것은 생각하는 존재로서의 그 자신임을 깨닫게 했다. "나
는 생각한다, 따라서 나는 존재한다"는 유명한 구절은 그의 책《성찰》에서
처음 언급되었다. 이는 그가 생각하고 회의할 수 있기 때문에 존재한다는 것
이다.

연 대 기

1638	1월 1일 덴마크 코펜하겐에서 출생
1648	보르 프루에 학교에 입학
1656~59	코펜하겐 대학에서 의학을 공부
1660	귀밑샘을 발견
1660~63	라이덴 대학에서 공부
1662	《샘에 대한 해부학적 관찰》을 출판
1664	《근육과 샘에 대하여》를 출판하고 라이덴 대학에서 의학박사 학위를 받음
1665	파리에서 〈뇌의 해부에 대한 논문〉을 발표 (출판은 1669)
1666	상어 머리를 절개
1667	《근육의 지식에 대한 요소들》을 출판하여 부록으로 상어 머리 절개 보고를 삽입하고, 천주교로 개종
1668	덴마크로 돌아오라는 덴마크 왕의 소환을 받음
1669	《프로드로무스》를 출판하고 누중의 법칙, 고유 수평성의 원리, 측면 연속성의 원리를 주장
1672	왕실 해부학자로 봉사하기 위해 코펜하겐에 도착
1674~76	플로렌스로 돌아와 왕자의 가정교사로 근무
1677	북부지역 포교를 위한 주교로 임명
1677~86	북부 유럽에서 천주교 포교에 봉사
1686	11월 25일 48세의 나이로 독일 슈베린에서 사망
1988	교황 요한 바오로 2세가 시복으로 인정

지구는 지질학적
사건들이 반복적으로
일어나면서
형성되었다.

Chapter
3

동일과정설을 주장한 지질학계의 거목

제임스 허튼

James Hutton
(1726~1797)

역사지질학의 중심 이론으로서의 동일과정설

　18세기에 제임스 허튼은 지구와 그 형태를 만든 과정을 연구하는 데 일생을 바쳤다. 당시 지구과학의 선구자이자 주류 이론가였던 그의 명성은 지구 표면의 형태를 만든 시스템을 제안했던 연구에서 비롯되었다. 그는 커다란 지질학적 변화의 주된 요인이 지구의 지각 아래 깊은 곳으로부터 생성되는 열이라고 믿었다.

　허튼의 지구 이론을 지지하는 사람들은 열과 화산의 작용에 의한 지구 시스템을 강조했기 때문에 로마신화의 불의 신 불칸의 이름을 따 '불카니스트', 곧 화성론자라 불리기도 했다. 또 지하 세계의 신 플루토의 이름을 따 '플루토니스트', 곧 심성론자라고 부르는 이들도 있었다.

　한편 허튼은 육지가 삭박되어 바다에 지층으로 쌓이는 퇴적물이 되고, 화산활동으로 융기가 일어나는 계속적인 순환을 제안했는데, 이것이 수십 년간의 논쟁거리가 되었다.

> **지각**　맨틀 위에 놓여 있는 지구의 가장 바깥의 딱딱한 층.
>
> **화성론자**　거의 모든 암석이 열과 용융의 결과로 만들어졌으며, 맨틀로부터 올라와 새로운 육지를 형성했고, 재생산된다는 허튼의 주장을 믿는 사람.
>
> **화산활동**　화산의 힘 또는 활동.

법률 조수

제임스 허튼은 1726년 6월 3일 스코틀랜드 에딘버러에서 윌리엄 허튼과 사라 발포어의 아들로 태어났다. 성공한 상인이자 시청 회계담당관이었던 윌리엄은 제임스가 세 살 때 사망했다. 윌리엄이 남긴 유산은 제임스와 세 자매를 부양하기에 충분했으며 사라는 제임스가 열네 살 때 에딘버러 대학에 보낼 수 있었다. 대학에서 인문학을 공부하던 제임스는 한 개의 산으로 값싼 금속들을 녹일 수 있으나 금을 녹이는 데는 두 개의 산이 필요하다는 실험을 보고 나서 화학에 관심을 가지게 되었다.

자연에 대한 지적인 호기심과 뛰어난 학문적 가능성에도 불구하고 제임스는 열일곱 살 때 법률가 사무소에서 조수 일을 시작했다. 하지만 과학에 대한 호기심을 누를 수 없었던 제임스는 의학의 과정이 화학을 배울 좋은 기회를 제공한다는 판단 하에 에딘버러 대학의 의학 교실에 입학했다. 그곳에서 3년을 보낸 후, 그는 해부학을 공부하러 파리로 갔다. 네덜란드 라이덴 대학으로 전학한 후 1749년에 제임스는 의학박사 학위를 받았지만 의료 시술에는 관심이 없었다.

지질학적 및 농학적 연구들

제임스의 화학에 대한 관심은 커져만 갔고 지질학과 광물학도 흥미를 갖게 되었다. 1752년과 1753년 사이에 그는 잉글랜드 노포크에서 농부로 지내며 흰색 **백악** 내에 나타나는 검은색 **플린트** 층에 매료되었다. 그는 동쪽 해안의 조개무지를 관찰하고 북쪽 절벽에서는 백악과 그 사이에 끼어 있는 진흙 성분의 돌을 자세히 살폈다. 서쪽에서는 지층 속에 나타나는 붉은색 백악을 관찰하는 등 땅 위에 나타난 다양한 지질을 통해 땅 아래에 무엇이 있을지 궁금해했다.

> **백악** 무르고 다공성인 세립질 석회암으로 보통 흰색이고 아주 작은 조가비 화석으로 만들어졌다.
>
> **플린트** 단단한 석영 입자로 백악 내에서 흔히 발견되고, 부싯돌이라고도 한다.

여행을 즐겼던 허튼은 여행 도중에 농업에 대한 실질적인 지식을 얻기도 했다. 노포크의 농장에서 2년을 보낸 후 플란더스에 들러 그곳의 축산 기술과 잉글랜드에서 배운 것을 비교하기도 했다. 1754년에는 부친이 남겨준 버윅셔의 농장을 경영하기로 작정했다. 14년 동안 허튼은 땅을 일구고 과학적 원리들을 적용해보며 곡물 수확량을 늘리기에 여념이 없었다. 농사를 짓는 동안 허튼은 토양의 형성 과정에 빠져들었다. 시간이 지나면서 토양은 강물에

썻겨나가 결국에는 바다로 흘러들어간다. 그는 오랜 기간 이런 과정이 일어나면 지구가 완전히 평탄해져야 하는 것이 아닌지 의문을 가졌음이 분명하다. 그는 농장 경영에서도 성공했을 뿐만 아니라, 친구와 함께 만들어낸 방법을 사용하여 검댕으로부터 염화암모늄을 제조하는 벤처사업에도 성공했다. 경제적으로 안정이 되자 1768년에 농장을 임대해주고 에딘버러로 이사한 뒤 과학 연구에 더 많은 시간을 투자할 수 있었다.

에딘버러에 있는 동안 제임스는 많은 친구를 사귀었는데, 특히 이산화탄소를 발견한 화학자 조셉 블랙이나 유명한 경제학자 아담 스미스와 친하게 지냈다. 이 세 사람은 오이스터 클럽을 결성해 일주일마다 모여 저녁식사를 하면서 다양한 주제를 놓고 토론하거나 야외 답사도 갔다.

친근한 분위기 속에서 학문적인 토론이 가능했으며, 허튼은 과학에 대한 모든 것을 닥치는 대로 읽어나갔다. 주변을 산책하는 동안 제임스는 그가 걷고 있는 땅이 항상 그대로였던 것은 아닐거라는 생각이 들었다.

1783년에 그는 에딘버러 왕립학회의 전신이 되는 모임에도 참가했다. 지질학에 대한 관심이 깊어질수록 그를 스코틀랜드, 잉글랜드, 웨일즈 등지를 돌아다니며 암석과 지층과 지형을 관찰하고, 자료를 수집하며 지구 역사에 대한 단서들을 찾아 **지질과학**의 방향을 바꿀 이론을 만들어나갔다.

> **지질과학** 지질학처럼 지구의 고체 부분을 다루는 지구과학의 한 분야.

지구의 이론

1785년 3월 7일 허튼은 새로 설립된 에딘버러 왕립학회에서 그의 논문 〈지구의 이론 : 또는 지구상에서 육지의 조성, 분해 및 회복에 대해 주목할 만한 법칙들에 대한 연구〉를 강독할 예정이었다. 하지만 기대감에 떨린 나머지 신경과민이 되어, 친구인 조셉 블랙에게 대신 읽어달라고 부탁했다. 다행히도 4월 4일에 있었던 회의에서는 안정을 찾아 논문의 나머지 부분을 직접 강독했다.

그 당시 지구 형성에 대한 가장 유력한 이론은 물의 중요성을 강조한 것이었다. 독일의 지질학자 아브라함 고틀로프 베르너는 지구의 표면이 거대하고 요동치는 대양에서 퇴적물의 침전에 의해 형성되었다고 믿는 넵투니스트, 즉 수성론자 그룹을 이끌고 있었다. 많은 사람들이 **수성론**에 나오는 거대한 대양이 성경의 창세기에 기록된 대홍수의 결과라고 믿었다. 성경적인 해석은 대부분 지구의 나이가 대략 6,000년 정도라고 믿게 했다. 하지만 관찰한 증거들과는 맞지 않는다고 생각했다.

> **수성론** 모든 암석이 원시 대양에서 침전으로 생성되었다고 베르너가 주창한 이론.

허튼은 천재적인 수완을 발휘하여 지구의 역사가 현재의 사건들로부터 설명되어야 한다고 풀었다. 달리 말하면 오늘날 관찰되는 자연의 과정들은 과거에 지구 표면에서 일어났던 과정들과 동일하다는 것이다. 지구는 일정하지만 느리게 변화해왔으며, 그 변

풍화   물이나 바람이 작용하
여 암석을 서서히 쪼개거나 분
해시키는 과정으로 자갈, 모래,
미사 등을 만듦.

화는 아직도 일어나고 있다고 생각했다. 화산 분출, **풍화** 및 침식과 같은 사건들은 오랜 기간에 걸쳐 엄청난 영향을 주었음에 틀림없다. 이신론자였던 허튼은 자연은 그 자체로 하나님의 지적 설계, 즉 창조의 증거가 되지만 창조 이후에 하나님은 자연을 통제하지 않았을 것이라고 믿는 사람이었다. 성경의 문자적 해석을 그대로 믿지 않았던 허튼의 사고는 6,000년이란 시간의 틀에 얽매이지 않았다. 사실 그런 짧은 시간 틀은 그가 증거로 삼은 현상으로서의 수많은 순환을 완성시킬 수 없었다. 그는 훨씬 더 오래된 지구를 생각했으며, 삭박과 융기의 자연 형성의 과정은 무한할 것으로 가정했다.

이런 생각은 많은 과학자들을 화나게 만들었지만, 엉뚱한 상상력으로 만들어낸 것도, 논란을 불러일으킬 목적도 아니었던 수년간에 걸친 주의깊은 관찰로부터 내린 결론에서 나온 논리적 이론이었다. 하나의 가설을 세운 뒤 허튼은 가설이 옳았을 경우 관찰될 수 있는 것을 예상하려고 노력했다. 그리고 증거를 찾아 돌아다녔다.

지구 형태에 대한 자연의 영향

허튼은 암석이 지층, 즉 굳은 퇴적물이 평행으로 쌓여 있는 층을 이룬다는 사실에 주목했다. 지층은 그들보다 더 오래된 암석들로부터 유래된 물질들로 이루어져 있다. 그는 이 사실이 현재 바다 밑에서 새로운 퇴적물이 쌓이고 있는 현상과 유사하다고 생각했다. 퇴적물의 새로운 층에는 이미 존재했던 **대륙**으로부터 삭박되고 물의 흐름에 의해 바다로 운반된 물질의 조각들이 포함되어 있다. 허튼은 지구 내부에서 발생한 지하의 열이 이 퇴적물을 단단하게 만든다고 믿었다. 또한 상부층으로부터의 압축으로 말미암은 압력의 효과도 함께 작용할 것으로 생각했다. 따라서 퇴적물의 층들은 오랜 기간에 걸쳐 압축되고 굽은 뒤에 단단해진 것이다.

이 메커니즘으로 산맥의 형성을 설명할 수 있을까? 만약 지층이 바다 아래에서 형성되었다면 수면 위로 천 미터 이상이나 솟아 있는 육지는 어떻게 생성된 것일까? 허튼은 지표 아래에 있는 어떤 힘이 관계할 것으로 믿었다. 역동적인 화산 분출을 목격한 그는 그것이야말로 지구 내부의 화성 물질이 타오르며 엄청나게 팽창하는 결과라고 생각했다. 그는 이런 커다란 팽창이 과거 지질시대에도 역시 일어났다고 제안했다.

이 현상으로 변동이 일어나 땅이 조각나 암석이 변형되며 지각이 솟으면서 굽어지고 휘어짐으로써 산맥과 언덕이 만들어졌다. 화산 활동 중에 지표를 뚫고 올라오지 못한 **마그마**는 식어서 굳어지며 화강암 또는 다른 결정질 암석을 만들었다. 이런 설명은 그 자체로 새로운 제안이었는데, 당시에는 암석의 한 종류로

> **대륙** 지구상의 일곱 개의 거대한 육지.
>
> **마그마** 지구 지각에서 발견되는 용융된 암석으로 용해된 기체와 결정들을 포함한다. 화산으로 분출하거나 지하에서 굳기도 한다.

경사 부정합의 형성

퇴적

습곡과 융기

침식

침강과 새로운 퇴적

아래 놓인 경사진 지층들이 삭박되고 그 위에 수평층이 쌓이면 경사 부정합이 만들어진다.

서의 **화성암**이 퇴적암과 별개라는 사실이 알려지지 않았기 때문이다. 만약 이 사실이 옳다면 그는 변형된 지층이 교란되지 않은 지층과 비교해 꼿꼿하게 서거나 기울어질 수 있다고 예측했다. 기울어진 지층은 침식될 것이고, 결국에는 새로운 수평의 퇴적암 지층이 그 위에 쌓일 것이다. **부정합**이라 불리는 이런 구조는 상당히 흔하게 나타난다. 허튼의 부정합이라 불리는 대표적인 예가 버윅셔의 그의 집에서 가까운 장소, 즉 시카 포인트 서쪽 해안을 따라 나타난다.

> **화성암**　지구의 지각을 구성하는 세 가지 주요 암석 중 하나. 지구 내부의 깊은 곳에서 만들어진 녹은 마그마가 굳어져서 형성되었다.
>
> **부정합**　암석 기록이 단절되는 면. 침식 때문이거나 퇴적이 일어나지 않기 때문이다.

　침식은 어떻게 지구가 삭박되었는지를 설명하는 허튼 이론의 핵심이다. 마른 땅은 끊임없이 붕괴되었다. 물이 흐르고 파도가 치면서 암석층이 씻겨나갔다. 바람과 풍화가 산맥의 드러난 표면에 작용하여 새로운 토양을 만들었다. 빙하는 암석물질을 부수고 그 덩어리들을 운반했다. 광물 성분과 유기물질을 포함하는 토양은 빗물로 씻겨가고 진흙은 강으로 흘러들었다. 물속에서의 화학반응은 미세한 물질을 침전시켰다. 결과적으로 모든 미세하고 깨진 물질들은 바다로 운반되어 퇴적되었고 압축되어 새로운 지층을 만들면서 지질학적 순환을 완성한다.

　허튼은 화성암이 그 주변의 암석보다 젊다고 인식한 최초의 인물이었다. 때때로 수평의 층을 자르고 있는 암맥들이 관찰되었다. 허튼은 암맥을 이루는 화강암이 한때 녹은 상태였으며, 지각 변동

지질학적 순환

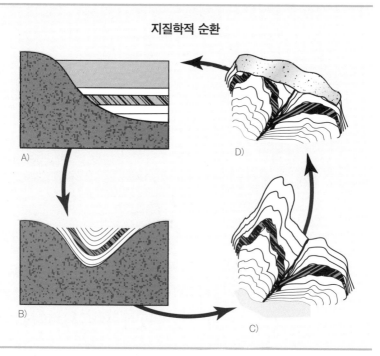

허튼은 지질학적 사건들이 반복적으로 일어나면서 지구가 형성되었다고 제안했는데, A) 퇴적작용, B) 지각 내부로 묻힘, C) 산맥의 형성, D) 침식작용이 순환된다는 것이다.

이 일어날 때 깨진 틈을 뚫고 올라온 것이라고 예측했다.

이 아이디어가 쉽게 받아들여지지 않았던 것은 당시 사람들이 화강암의 성인과 조성을 이해하지 못했기 때문이었다.

반대파에 부딪히다

넵투니스트, 즉 수성론자들은 허튼이 주장한 모든 것을 받아들이지 않았다. 그들은 용융된 암석이 냉각되면 결정질의 형태가 아니라 유리질의 형태가 될 것이라고 주장했다. 오히려 수용액으로부터 침전된 물질이 결정을 형성할 것이라고 생각했다. **석회암**과 같은 암석에 미친 광범위한 열의 작용은 냉각되기 전에 먼저 분해될 것이라고 주장했다. 산맥의 형성에

> **석회암** 주로 탄산칼슘으로 이루어진 퇴적암으로 해양 생물 잔해의 퇴적 또는 화학적 침전으로 형성된다.

관해서 수성론자들은 퇴적층들이 물 아래에서 형성되었지만 바다는 예전에 훨씬 깊었다고 제안했다. 때때로 미세물질들이 수직으로 퇴적되었고, 물 아래에 정상부를 이루었으며 물이 얕아졌을 때 물 위로 솟은 부분이 남게 되었다는 것이 그들의 주장이었다. 수평층을 자르는 암맥에 대해서는 광물 성분을 포함하는 수용성 물질이 수직으로 스며들어갔다고 설명했다. 시간이 흐르면 스며든 물질들이 단단해져 관입체로 보인다는 것이다.

허튼은 자신의 아이디어를 처음 발표하면서 익명으로 결론을 정리한 30페이지 분량의 엉성하게 작성된 소책자를 출판했는데, 제목은 《지구의 시스템, 기간 및 안정성에 관한… 논문의 요약》이었다. 허튼의 생각은 매우 획기적인 것이었음에도 사람들의 주목을 받지 못했다. 약간의 관심을 가졌던 사람들조차도 허튼의 생각이 너무 복잡하다고 여겼다. 수성론자들만 반대한 것이 아니라 격변론자들도 반대했다. 격변론자란 지질 구조를 만드는 원인이 끊임없이 느리게 작용하는 힘이 아니라 주기적으로 일어나는 지구를 뒤흔드는 격변적인 사건이라고 믿었던 사람들이다. 에딘버러

에서 첫 발표가 있고 3년 뒤 그의 논문은 에딘버러 왕립학회 논문집(1788)의 첫 권에 실렸다.

1793년 아일랜드 화학자 리치드 커윈이 허튼 이론에 대한 반론을 출판했다. 커윈은 아일랜드 왕립 아카데미의 회장이었으며 열렬한 베르너 추종자였다. 커윈은 종교적이며 과학적인 관점에

서 허튼의 연구를 공격했다. 침식의 중요성, 퇴적물 고화에 필요한 열의 중요성 그리고 화강암이 용융액으로부터 결정화되었다는 아이디어 등을 과학적으로 부정한 커원의 논문에 화가 난 허튼은 지구의 형성에 관한 자신의 이론을 아주 자세하게 설명하는 책을 써야 했다. 이에 따라 왕립학회에 발표한 논문에서보다 더 장황한 설명을 덧붙였다. 1795년 허튼은 1,204페이지 분량의 두 권으로 된 교과서《증거와 삽화로 보는 지구의 이론》을 출판했다. 그리고 허튼의 사후 100년이 지난 1899년에 267페이지 분량의 세 번째 책이 지질학회에 의해 발굴되고 출간되었다.

1791년 이후 신장과 방광의 지병으로 종종 고생하던 허튼은 농업에 관한 책을 준비하던 중 1797년 3월 26일 눈을 감았다. 수집해놓은 상당히 많은 암석 표본들이 에딘버러 왕립학회에 기증되었다가 후에 대학 박물관으로 옮겨졌다. 하지만 불행하게도 그 표본들은 분실되고 말았다.

비록 지질학적 연구에 일생을 바쳤지만, 허튼은 다독가였으며 다방면에 조예가 깊은 사람이었다. 이외에도 농업, 기상, 화학, 물질 이론, 윤리철학 및 형이상학 등에 관해 연구한 뒤 그 결과물을 출판했다.

사교적이고 유쾌하고 매력적인 성품을 지닌 허튼은 미혼이었지만 친한 친구들과 열렬한 지지자들이 많았다. 1747년에 태어난 사생아인 아들이 하나 있었는데, 제임스라고 불렀고 그와는 평생 친밀한 관계를 유지했다. 허튼의 활동은 관심거리에만 국한되지 않고 다양한 운동에 재능을 발휘했다. 그는 포스 앤드 클라이드 리버스 운하 건설 프로젝트를 담당하는 위원회에서 활발히 활동하기도 했고, 1788년 프랑스 왕립농입학회의 외국인 회원으로 선출되기도 했다.

1802년 허튼의 친한 동료 중 한 사람이었던 존 플레이페어는 제임스 허튼의 전기 《허튼 이론의 예해》를 집필해 지질학자 허튼의 일생을 기록했을 뿐만 아니라 허튼 자신보다도 더 명료하게 허튼의 이론을 설명했다.

30년 뒤 사람들이 지구의 나이가 6,000년보다 오래되었고 계속 진화해왔다는 사실을 받아들이게 되었을 즈음, 플레이페어의 해석은 과학자들이 허튼의 생각을 받아들이는 데 도움을 주었다.

오늘날 허튼의 아이디어는 동일과정설로 요약되는데, 이는 시간의 규모가 다를지라도 오늘날 일어나고 있는 물리적·화학적 과정들이 과거에 지질학적 구조를 형성시켰던 과정들과 동일하다는 것이다. 동일과정설은 한마디로 '현재는 과거의 열쇠이다The present is the key to the past'로 정리되며, 이것은 근대 지질학의 기본을 이루는 개념이라 할 수 있다.

허튼 이론의 지지자들

허튼이 죽고 난 후 스코틀랜드의 지질학자이자 화학자인 제임스 홀이 자기 친구의 이론을 지지하는 증거를 출판했다. 홀은 처음에 허튼의 이론을 반대했지만, 시간이 흐르고 많은 토의를 거치며, 또 허튼과 함께 영국 각지를 돌아다니며 지질학적 순환이 진실임을 확신하게 되었다. 홀은 허튼에게 그의 주장을 뒷받침할 수 있는 실험을 해보자고 설득했지만, 허튼은 그것이 필요하다고 생각하지 않았다. 허튼은 그가 제안한 원리들이 자연을 관찰해보면 분명해진다고 느꼈고 실험실에서 자연의 힘을 재생하지 못할 것이라고 생각했다. 허튼에 대한 존경심으로 홀은 더 이상 강요하지 않았지만 허튼이 사망하자 홀은 허튼 이론의 반대파들을 반박하는 여러 실험들을 출판하여 다시금 허튼 이론이 주목받게 만들었다.

홀의 첫 번째 실험은 화성암이 결정질 암석으로 바뀔 수 있다는 것이었다. 수성론자들은 화성암이 한때 액체였다는 것을 믿지 않았으며, 만약 그렇다고 해도 그 암석이 냉각하면 유리질이 되지 결정질이 되지는 않는다고 생각했다. 홀은 현무암을 녹인 뒤 냉각 속도를 느리게 하면서 불투명한 결정질 물질을 만들 수 있었다. 몇몇 사람들은 이 결과에 감탄했지만, 다른 이들은 그 결과가 촌극에 불과하고 물질의 화학 조성을 변화시키는 반응에 무언가를 빠트렸을 것이라고 생각했다.

> **현무암** 치밀하고 세립질의 화성암. 가장 일반적인 굳은 용암의 형태이다.

다음으로 홀은 대리암이 석회암으로부터 생성될 수 없다고 생각한 수성론자들을 공격했다. 이산화탄소는 가스로 도망가기 때문에 단지 생석회만이 만들어진다고 생각했다. 그래서 홀은 석회암(분말 초크)을 봉합된 총열 속에 넣고 커다란 압력을 가하면서 가열시켰다. 이 장치는 가열시키는 동안 어떤 휘발성 성분도 빠져나가지 못하게 막았다. 그런 다음 서서히 냉각시키자 놀랍게도 대리암이 만들어졌다.

또 다른 실험에서 홀은 소금물과 함께 모래를 가열시켜 단단한 사암을 만들 수 있었다. 덧붙여 말하면 허튼의 주장을 정당화시키려는 목적으로 수행했던 5백 번 이상의 실험들로 인해 홀은 실험지질학과 지구화학의 창시자라는 이름을 얻게 되었다.

사암 모래 크기의 규산염 입자들이 점토 또는 석영 등에 의해 접착된 퇴적암.

연 대 기

1726	6월 3일 스코틀랜드 에딘버러에서 출생
1740	인문학을 공부하러 에딘버러 대학에 들어가지만 화학에 흥미를 가짐
1743	법률 조수를 시작함
1744~47	에딘버러 대학에서 의학을 공부
1747	해부학을 공부하러 파리로 감
1749	라이덴으로 가서 의학박사 학위를 받고 암모니아 염을 만드는 벤처기업을 시작
1750	에딘버러로 돌아와 지질학과 광물학에 흥미를 가짐
1754~68	버윅셔에서 농장 경영
1768	지질학 연구를 위하여 에딘버러로 돌아옴
1785	에딘버러 왕립학회에 그의 논문 〈지구의 이론〉 발표
1788	에딘버러 왕립학회 논문집에 〈지구의 이론〉 출판
1795	두 권으로 된 《증거와 예해를 붙인 지구의 이론》 출판
1797	3월 26일 에딘버러에서 사망
1899	사후에 《지구의 이론》 제3권 출판

지리학, 지질학, 기후학,
생물학 등을
통합시킨 진정한
박식가였다.

과학계의 걸어 다니는 백과사전,

알렉산더 폰 훔볼트

Alexander von
Humboldt
(1769~1859)

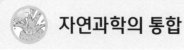

자연과학의 통합

　과학은 종종 사용되는 과학적 방법에 따라 여러 세부 분야들로 나뉜다. 예를 들어 지질학은 지구의 성인과 진화, 지구를 구성하는 물질과 지구 상에서의 과정들을 다룬다. 한편 얼핏 보면 관련이 없을 것처럼 보이는 두 분야가 실제로는 밀접한 관계를 가지기도 한다. 어떤 지역에서의 지구의 구조는 생명체의 형태와 삶의 방식에 영향을 준다. 게다가 생명체의 형태는 오랜 기간에 걸쳐 그들의 서식환경의 구조 및 물리화학적 성분을 변화시킨다.

　알렉산더 폰 훔볼트라는 박식한 과학자이자 탐험가는 현재와 같은 과학세계가 만들어지기 오래전에 자연과학의 통합철학을 깨달았다. 그가 열망한 것은 모든 자연현상의 연결고리를 발견하는 것이었다. 그는 당시 과학세계에 잘 알려져 있지 않았던 지역들을 탐사했으며 지형, 기후 및 생명체를 연결시키는 자연법칙을 탐구했다.

정치학과 광산에서의 경력

프레드리히 빌헬름 칼 하인리히 알렉산더 폰 훔볼트는 1769년 9월 14일 프러시아 왕국의 수도 베를린에서 태어났다. 아버지 알렉산더 게오르그 폰 훔볼트는 군대 장교이자 귀족이었고 어머니 마리아 엘리자베스 폰 홀웨지는 부유하지만 검소한 여성이었다. 어린 시절 알렉산더는 아파서 집에 있는 날이 많았다. 그는 브란덴부르크의 가족 소유 시골 땅 스클로스 테겔에서 아버지와 함께 산책하거나 자연을 탐사하며 보내는 시간들을 특히 좋아했다. 하지만 알렉산더의 아버지는 그가 열 살 때 세상을 떴고, 어머니가 그와 형 빌헬름의 양육을 책임져야 했다. 두 소년은 주로 개인 교사에게 고전, 역사, 언어, 수학, 정치학 및 경제학을 배웠다. 어머니는 아들들이 성장하여 정부 관료가 되기를 바랐지만, 알렉산더는 식물학과 자연사를 좋아했다. 또한 시간이 날 때마다 암석과 곤충을 채집하여 집으로 가져와서는 관찰하고 스케치했다.

1787년 어머니는 그를 오데르에 있는 프랑크푸르트 대학에 입학시켰으며, 행정 능력을 기르기 위한 준비를 하게 했다. 1789년 그는 법학을 공부하기 위해 괴팅겐 대학에 입학했지만 지질학, 광물학, 광상학 같은 과목에 더 흥미를 느꼈다. 교수 중 한 사람이 그를 게오르그 포르스터에게 소개했는데, 포르스터는 선장 제임스 쿡의 태평양 항해에 동행했던 학자이자 탐험가였다.

1790년 포르스터는 훔볼트를 데리고 라인 강변을 따라 유럽 여행에 나섰으며, 많은 저명한 과학자들을 소개시켜 주었다. 포르스터의 여행담에 훔볼트는 매료되었고, 언젠가 자신만의 모험을 하리라 다짐했다.

훔볼트는 어머니의 바람대로 경제학, 경영학 및 정치학을 공부하기 위해 함부르크 상업학교에 입학했지만 정치학은 어머니의 바람이었지 그가 원하는 것은 아니었다. 과학적인 능력을 기르기 위해 훔볼트는 1791년 남부 독일의 프라이베르크 광산 아카데미에 입학했다. 교육 과정은 심신을 매우 지치게 했다. 학생들은 오전에 광산에서 일했고, 오후에는 지질학과 광물학을 공부했다.

학업을 성공적으로 마친 후 훔볼트는 1792년 광산감독관이라는, 사람들이 부러워하는 직책을 얻었다. 이 직책에 있는 동안 그는 사재를 털어 최초의 광부훈련학교를 만들었다. 남부 프러시아에서 그는 광산감독 일에 종사하며 광산 갱 내 깊은 곳에서 식물 표본과 광물시료를 수집했다. 식물학적 연구로부터 그는 식물 생리학에 대한 첫 번째 과학적 작품을 쓰면서도 결코 광산감독관으로서의 책임에 소홀하지 않았다. 그의 노력은 고갈될 것으로 예상했던 광산의 광물 생산을 여섯 배나 증가시켜 승진할 기회를 얻었지만 다른 계획이 있었던 그는 사직했다.

외국 탐험

1796년 훔볼트의 어머니가 유방암으로 세상을 뜨면서 막대한 유산을 남겼다. 그는 곧바로 광산 일을 그만두고 자신만의 과학탐사를 계획하기 시작했다. 하지만 나폴레옹 전쟁으로 인해 여행이 어려워져 그의 계획은 계속 연기되었다.

1799년에 훔볼트는 애메 본플랑이라는 프랑스 의사이자 식물학자를 만났다. 광산 개발의 성공으로 얻은 명성 때문에 스페인왕 카를로스 4세로부터 중앙아메리카와 남아메리카의 스페인 식민지까지의 안전한 항해와 탐사를 허락받은 훔볼트는 쿠바, 멕시코, 베네수엘라, 콜롬비아, 에콰도르, 페루, 칠레, 아르헨티나와 필리핀 등 지난 300년 동안 유럽인들에게 미지의 세계였던 나라들을 방문할 수 있었다. 카를로스 4세는 훔볼트가 프러시아에서 성공했던 것처럼 금과 다이아몬드를 발견해주기를 원했다.

훔볼트와 본플랑은 수개월 동안 필요한 물자, 기구, 노트, 장비와 선원을 준비해 1799년 6월 5일 스페인 라 코루냐를 출발했다. 훔볼트는 항해 동안 시간을 허비하지 않았다. 그는 곧바로 해양생물과 해수 성분에 대한 자료를 모으고, 대기와 해수의 온도 그리고 태양의 위치를 측정하기 시작했다. 배에 장티푸스가 발병했기 때문에 쿠바의 하바나로 향하던 도중인 7월 초, 베네수엘라 쿠마나에 정박해야 했다.

비록 장티푸스의 발병은 운이 나빠서였지만, 쿠마나의 상륙은 두 젊은 탐험가에게 기분전환이 되었다. 배에서 내리던 순간부터 그들은 수많은 새로운 열대생물에 감격했다. 세 달에 걸쳐 미지의 식물과 동물을 분류한 다음 노새를 타고 열대우림을 헤쳐나가는 동안 그들은 주변 생물의 푸름과 풍부함에 사로잡혔다. 그들은 가능한 한 많은 생물학적 표본을 채집하여 노새에 실었고 훔볼트는 그 지역의 암석과 광물에 열중하면서 유럽에서 산출되는 것들과의 유사성을 찾으려 노력했다. 지진으로 인한 피해는 지구 형성에 작용하는 격렬한 지하의 힘에 대한 증거를 제공했으며, 훔볼트는 대륙들 사이의 지질학적 관계를 깊이 생각하기 시작했다.

1799년 11월 훔볼트와 본플랑은 베네수엘라 수도 카라카스로 항해하던 도중에 엄청난 유성우를 목격했다. 카라카스에서 우기 동안 지낼 집을 빌린 그들은 채집한 많은 표본들을 분류해 목록을 만들고, 탐사에 대한 구체적인 내용을 담은 편지를 집으로 보냈다. 그때까지 채집한 식물표본만 해도 1,600개 이상이었다.

오리노코와 아마존 강 분지를 연결했을 것으로 추정되는 자연 운하 카시키아레의 소문에 훔볼트는 그 운하가 실제로 존재했을지에 대해 흥미를 가졌다. 만약 존재했다면 그것은 유일한 자연 운하였을 것이다. 지역 아메리칸 원주민들과 선교사들은 훔볼트의 생각이 맞을 것이라고 확인해주었다. 그는 운하의 지도를 그리고 싶어 했다. 1800년 2월 훔볼트와 본플랑은 수도 카라카스를 출발하여 코르딜레라로 불리는 해안 산맥을 넘었다. 도중에 산맥의 암석 중에서 석류석 결정들이 포함되어 있다고 기록했고, 아어, 뱀 및 가축 무리로 넘쳐나는 열대의 대초원을 지나야 했다. 이 여정은 마음 편한 관광 루트가 아니라 육체적으로 힘들고 피곤한 것이었다.

여행 도중 칼라보소의 목장에 머물러야 했던 훔볼트는 전기뱀장어에 매료되었다. 그는 전기뱀장어를 자세히 조사하려고 했으나 전기 충격 때문에 잡을 수 없었다. 훔볼트는 자신도 모르게 뱀장어를 밟았고 하루 종일 무릎과 관절에 심한 통증을 느꼈다. 지역 아메리칸 원주민들이 훔볼트를 돕기 위해 말과 노새의 무리를 뱀장어로 가득 찬 늪으로 몰아넣었다. 뱀장어가 튀어나올 때까지 이 불쌍한 동물들이 계속 쏘인 후에야 훔볼트는 정밀 분석을 위한 뱀장어를 잡을 수 있었다.

1800년 3월 말까지 그들은 174km가량 여행했고 대초원의 끝자락에 도착했다. 산 페르난도에서는 오리노코 지류들 중 하나인 아푸레 강의 강둑에서 스페인 사람 니콜라스 소토가 합류했다.

많은 야생 동물들이 탐험가들을 사로잡았다. 플라밍고, 악어, 노랑부리저어새, 원숭이, 재규어, 캐피바라(대형견 크기의 설치류)와 같은 동물들이 강 언저리에서 그들을 맞이했다. 마을에서 얻은 정보에 의지하여 그들은 고용한 카누 사공들과 함께 오리노코 강으로 계속 나아갔다. 도중에 훔볼트는 물을 분석하고 지질학적 경계

지역을 기록했다. 오리노코 강을 따라가다 도착한 섬에서는 수백 명의 아메리칸 원주민들이 기름의 원료가 되는 거북이 알을 수확하고 있었다. 훔볼트는 모래에 3천만 개에 이르는 알이 묻혀 있을 것으로 추산했다.

유럽에서 온 탐험가들의 여행 계획을 전해 들은 원주민들은 머리 하나 달린 괴물과 다른 잔인한 것들에 대한 이야기를 들려주며 그들을 말렸다. 하지만 훔볼트는 안내자를 교체하여 리오 네그로 강까지 밀고 나갔다. 길을 아는 선교사가 탐험에 동행했다. 그들은 전설 속의 괴물들을 만나지 않았지만, 모기들이 극성이었고 물은 더러웠으며 동물들의 시체로 가득했다.

탐험가들은 자연 운하가 존재한다는 소문을 마지막까지 확인하면서 5월 중순에 카시키아레에 도착했다. 훔볼트는 측정을 위한 탐사도구를 사용했고, 강 어귀의 정확한 위치를 지도에 표시했다. 다음 날 그들은 방향을 틀어 되돌아가기 시작했다. 도중에 훔볼트는 사라진 아투레스족이 묻힌 고대 묘지를 방문해 몰래 뼈 같은 것을 수거했다. 우루아나 마을에서 그는 사람들이 환각성 식물을 사용하고 흙을 먹는 풍습을 기록했다. 카시키아레를 찾기 위해 2,400km를 걷고, 또 카누를 타고 이동한 다음 그들은 다시 대초원을 건너기 전에 안고스투라에서 한 달간 휴식을 취해야 했다.

훔볼트와 본플랑은 장티푸스에 걸렸고, 기력을 회복하기 위한 시간이 필요했다. 그들은 55개 지역의 위도와 경도를 표시한 도표를 가지고 1800년 11월 다시 쿠마나로 되돌아왔다.

훔볼트와 본플랑은 겨울 동안 쿠바를 여행했으며 유럽으로 가져가기 위한 식물과 동물표본을 정리했다. 또한 사탕수수 농장을 포함해 담배, 목화, 인디고 재배지 및 많은 공장들을 방문했다. 잘 정돈된 스페인 식민지에서의 휴식을 즐기는 동안, 훔볼트는 쿠바 경제를 지탱하는 노예 착취를 보고 몸서리쳤다. 훔볼트는 훗날 《쿠바 섬에 대한 정치적 에세이》(1828)를 출판했는데, 경제와 인구에 연관된 섬의 지리, 지형, 지질 및 기후 등을 기재했다.

훔볼트와 본플랑은 다음 목적지 콜롬비아의 카르타헤나를 향해 항해했다. 거기서 그들은 가스 분출 화산을 조사하기 위해 투르바코까지 32km를 걸어서 이동했다. 그다음에는 열대우림을 헤치고 나가 보고타의 서쪽 80km에 위치한 혼다 마을을 통과했다. 고도는 약 2,740m였고, 훔볼트는 고도에 따라 식생이 변하는 사실을 깨달았다. 보고타에 도착한 그들은 따뜻한 환영을 받았다. 그런데 본플랑이 열병에 걸리는 바람에 회복하기까지 두 달간 머물러야 했다. 훔볼트는 인근에 살던 저명한 식물학자의 수집 표본을 조사하며 시간을 보내면서 몇 차례 짧은 여행을 통해 암염, 탄광지대, 마스토돈 뼈화석 등을 발견했다.

1801년 9월 훔볼트와 본플랑은 보고타를 떠나 에콰도르의 쿠이토로 향했다. 안데스 산맥을 가로질러 갔던 그들은 지형이 남아메리카에서 경험했던 것과는 사뭇 다른 것을 알았다. 산맥 위쪽에는 절벽들과 빙하호, 그리고 봉우리와 계곡들이 있었다. 그들은 고대 잉카제국의 폐허를 지나게 되었는데, 인류학에 관심이 있던 훔볼트는 흥분했다. 또 푸라체라는 이름의 화산을 오르는 동안 진흙사태, 호우, 번개 등의 난관들을 겪어야 했다.

1802년 1월 쿠이토에 도착하자 그 주변에 연기를 뿜고 있는 큰 활화산들이 둘러싸고 있었다. 주민들은 여행객들을 위해 몇 차례의 환영식과 함께 편히 머물 수 있도록 숙소를 제공해주었다.

가장 높은 산

쿠이토에 있는 동안 훔볼트는 인근에 있는 모든 화산들을 조사했다. 화산을 오르면서 지질 구조를 조사하고, 방출되는 가스와 주변 대기의 성분을 분석하며, 지진파를 측정했다. 그 당시에는 현대적인 장비와 기술이 없었기 때문에 등산 자체가 위험한 일이었다. 등산가들에게 특별한 의복이 없었고, 심지어 로프도 사용하지 않았다. 또 다른 문제점은 높은 고도에서 현기증이 나고 메스꺼워지는 고산병을 이겨내는 것이었다. 그럼에도 불구하고 화산에 매료된 훔볼트는 육체적으로는 힘이 들었지만 그 당시에 가장 높은 산이라 여겨졌던 침보라소에 오르기로 작정했다(오늘날 가장 높다고 알려진 에베레스트 산은 8,850m이다). 훔볼트에게는 누가 그 산을 정복했는지 그리고 얼마나 많은 사람이 죽었는지 따위는 문제가 되지 않았다.

1802년 6월 9일 훔볼트는 본플랑, 젊은 에콰도르인 카를로스 몬투파르, 그리고 몇 사람의 산악 안내인과 함께 침보라소로 가는

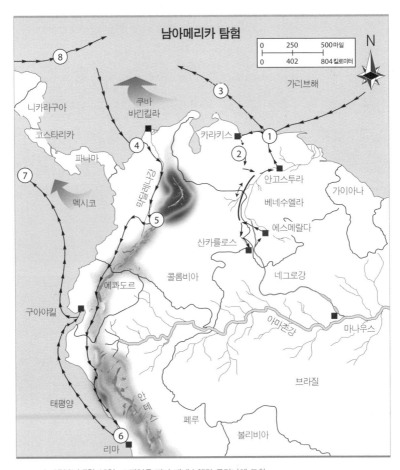

남아메리카 탐험

| 0 | 250 | 500마일 |
| 0 | 402 | 804킬로미터 |

N

가리브해

니카라구아

쿠바
바린킬라

카라키스

코스타리카

파나마

안고스투라

가이아나

베네수엘라

멕시코

에스메랄다

산카를로스

구아야킬

콜롬비아

네그로강

에콰도르

아마존강

마나우스

브라질

태평양

안데스

페루

리마

볼리비아

1. 1799년 7월 16일, 스페인을 떠나 베네수엘라 쿠마나에 도착
2. 1800년 2월 7일, 베네수엘라 칼라보소에 도착
3. 1800년 11월, 쿠바로 출발
4. 1801년 3월 30일, 쿠바를 떠나 콜롬비아 카르타헤나에 도착
5. 1801년 7월, 콜롬비아 보고타에 도착
6. 1802년 12월, 페루 칼라오에 도착
7. 1803년 3월 멕시코(뉴 스페인)에 도착
8. 1804년 4월 멕시코에서 쿠바를 거쳐 북아메리카로 항해

훔볼트는 5년에 걸친 남아메리카 탐험을 통해 복합학적인 연구를 수행한 최초의 인물이었다.

여행을 계획했다. 그들은 6월 23일 베이스캠프에 도착한 뒤 산을 오르기 시작했다. 위험한 절벽, 얼음 사면 그리고 앞이 보이지 않을 정도의 구름 때문에 안내인 한 사람이 되돌아가야 했다.

산을 오르는 동안 훔볼트는 원통형 기압계를 사용하여 여러 지점에서 고도를 측정했다. 그들이 5,700m 지점을 통과할 때 고산병이 심해졌다. 아프고 어지러울 뿐만 아니라 눈은 충혈되었고 입술과 잇몸에서 출혈이 심하게 났다. 그러나 과거에 이미 이와 같은 일을 경험했던 훔볼트는 결코 낙담하지 않았다. 그들은 계속 올랐고, 결국 정상 고도 5,878m에서 지금까지 결코 사람들 눈앞에서 드러나지 않았던 장엄한 광경을 볼 수 있었다. 정상 정복의 감동과 흥분을 간직한 채 되돌아 내려오는 동안에도 훔볼트는 훗날 조사를 위해 암석 시료를 채취했다.

10월 말 훔볼트와 본플랑은 몬투파르와 함께 페루의 리마로 향했다. 다시 한 번 그들은 자료를 정리하고 암석과 식물표본들을 유럽으로 보내기 위해 짐을 꾸려야 했다. 리마에 있는 동안 그들은 태양 앞으로 수성이 지나는 광경을 관찰했다. 훔볼트는 그 지역 사람들이 비료로 사용하는 새의 배설물, 즉 구아노를 채집한 뒤 화학분석을 위해 구아노 일부를 유럽으로 보냈는데, 그것에는 인이 풍부하다는 사실이 밝혀졌다. 수십 년 뒤 많은 구아노가 유럽으로 수출되어 유럽의 식량 생산을 증가시키는 동시에 남아메리카의 경제에 도움을 주었다.

크리스마스이브에 세 사람은 페루의 칼라오를 출발하여 에콰도르의 구아야킬로 항해했다. 이 여정 동안 훔볼트는 페루 서쪽의 한류를 조사했다. 오늘날 이 해류는 페루 해류 또는 훔볼트 해류라고도 알려져 있는데, 지역 경제에 커다란 영향을 주고 있다.

그들은 계속해서 멕시코의 아카풀코로 향했다. 항구를 떠나자 훔볼트가 쿠이토에 있을 때 올라가 보았던 화산 중의 하나인 코토팍시가 엄청난 폭발 소리를 내며 분화했다.

멕시코에서 훔볼트는 위치가 잘못 알려져 있던 아카풀코의 정확한 위치를 지도에 표시했다. 또한 노새와 말을 타고 게레로 산맥을 여행했으며 지질학적 **노두**를 관찰했다. 그는 여러 중요한 지점에 대한 경도와 위도를 측정했고, 멕시코시티에서는 정부 문서보관소에서 많은 시간을 보냈다. 구안

노두 지구 표면에 드러난 암석의 부분.

후아토 산지를 방문했을 때 훔볼트는 은 광산들을 탐사하여 광물 시료를 채집했다. 그는 44년 전에 형성된 호룰로 화산을 찾아 그때까지도 연기를 내고 있었던 그곳에서 가스를 측정했다. 분화구를 오르는 훔볼트를 보고 아메리칸 원주민들이 놀라기도 했다.

1804년 1월 멕시코를 떠나 워싱턴 D.C.로 간 훔볼트와 본플랑 그리고 몬투파르는 이미 유명인사가 되어 있었다. 모든 사람들이 침보라소를 오른 그들을 만나고 싶어 했으며 소문이 무성했다. 훔볼트는 대통령 토마스 제퍼슨을 만나고 싶었다. 미국 철학회의 회장이기도 했던 제퍼슨은 훔볼트의 과학적 탐구와 모험가로서의 명성을 익히 알고 있었다. 두 사람은 좋은 친구가 되어 일생 동안

연락을 주고받았다. 훔볼트는 미국인들에게 깊은 인상을 남겨 많은 도시, 산, 만 그리고 공원에 훔볼트의 이름이 붙여졌다.

남겨진 큰 과업

1804년 8월 그들은 프랑스에 도착했다. 재밌는 사실은 훔볼트가 여행 도중에 황열병에 걸려 죽었다는 소문이 프랑스에 돌고 있었다는 것이다. 여러 가지 소문은 훔볼트의 명성을 더 크게 만들

었다. 아마도 훔볼트는 나폴레옹 다음으로 유명했던 것 같다. 나폴레옹은 당연히 훔볼트의 대중적 인기를 시기했으며, 훔볼트를 '화초 수집가'라고 부르면서 공공연히 깎아내렸다.

미국 여행이 끝난 후에도 훔볼트에게는 그가 배우고 관찰한 모든 것을 정리해야 하는 막대한 작업이 기다리고 있었다. 그는 이탈리아와 베를린을 여행했지만 파리에 정착해 과학자, 사서, 출판업자, 조각가와 교류하면서 원고를 작성하기 시작했다. 그는 자신이 수집한 방대한 양의 정보로 인해 이전에 그 어떤 과학자도 누리지 못한 명성을 얻게 되었다. 자기장, 지질학, 기상학, 기후학, 지리학, 광물학, 동물학, 식물학, 천문학, 인류학 등에 대한 엄청난 양의 데이터를 축적했던 훔볼트는 진정한 박식가였고, 모든 것에 전문가였으며

기압배치도 위의 등압선

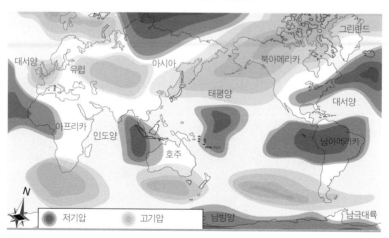

홈볼트는 이 그림의 예와 같은 등온선과 등압선을 최초로 사용한 사람이었다.

걸어 다니는 백과사전이었다. 훔볼트와 본플랑은 6만 개 이상의 식물표본을 수집했으며, 그중에서 10%는 유럽에 알려지지 않은 것이었다. 그리고 그의 연구를 통해 식물지리학이라는 새로운 분야가 개척되었다. 식물지리학은 지구의 기후와 역사가 어떻게 식물 군집의 서식 장소에 영향을 주는가를 다루는 것이다. 특히, 훔볼트는 산맥의 서로 다른 고도에 따라 나타나는 식물들에 대한 관찰로부터 식물 군집이 기후와 고도에 따라 예측될 수 있다고 결론 내렸다.

아브라함 고틀로프 베르너의 추종자였던 훔볼트의 과학적 경력은 수성론적 입장에서 출발했다. 프라이베르크에서 광물학을 가르쳤던 베르너는 모든 암석이 퇴적물이나 일반적인 바다의 침전물이라고 믿는 수성론자들의 우두머리였다. 또한 현무암이 물에서 만들어진다고 믿고 가르쳤다. 하지만 훔볼트는 쿠이토 주변의 화산들에 대한 실증적 연구를 바탕으로 현무암이 화성 기원이라고 확신했다. 그는 화산 활동이 지구 형성에 중요한 역할을 하고 있다고 믿었고, 화산들이 늘어선 배열과 지하의 균열이 관계한다고 생각했으며, 지질학적 구조와 지형학적 요소들의 상관관계를 찾았다.

훔볼트는 지구의 자기장이 극지방에서 적도 쪽으로 강도가 약해지는 것을 발견했다. 파리에서 프랑스 화학자 조셉 게이 뤼삭을 만나 자기 편각의 법칙을 배웠다. 후일 그는 지구 자기장에 대해 다시 연구했다.

기후와 기상학에 대한 탐구 역시 훔볼트의 노트에 많은 내용이 기록되어 있다. 그는 고도가 높아짐에 따라 기온이 전체적으로 감소한다는 사실을 발견했으며, **등온선**과 **등압선**을 그려낸 최초의 인물이었다. 등온선은 같은 평균기온을 나타내는 지점을 지도 위에 연결시켜 놓은 것이며 등압선은 동일한 기압의 지점을 지도 위에 연결한 선이다.

훔볼트는 남아메리카 조사에 대한 내용을 약 17권으로 정리하는데 5~6년 정도 걸리리라 예상했지만 30여 년이 걸려 30권이 완성됐다. 《1799년에서 1804년에 걸친 신대륙 적도지역으로의 항해》(1807~39)시리즈였다. 이 책들은 식물지리학, 천문학, 식물학적 주제뿐만 아니라 정치사회적 에세이도 담고 있다. 많은 과학 서적 이외에도 훔볼트는 일반 대중을 위한 책을 쓰기도 했다. 놀랍게도 이 시리즈는 무려 1,400여 개의 그림을 싣고 있으며, 출판 비용만 해도 탐험 비용보다 더 들어 훔볼트는 어머니로부터 물려받은 유산을 다 써버리고 말았다. 정기적인 수입이 필요하게 되자 훔볼트는 대법관의 직책을 받아들여 1827년 베를린으로 돌아갔다.

우랄산맥의 다이아몬드

훔볼트가 베를린으로 돌아오자마자 러시아의 재무장관이 훔볼트의 자문을 요청했다. 훔볼트는 러시아 황제 차르의 후원 아래 귀금속 광산을 찾아달라는 요청을 받고 우랄산맥을 탐사하게 되었다. 당시 그의 나이가 59세임에도 불구하고 훔볼트는 이 미지의 땅을 탐사할 기회에 들떠 있었다. 그는 러시아를 연구 대상 지역으로 하여 지구 자기장에 대한 자세한 조사를 하기 위해 생물학자이자 의사였던 크리스티안 고트프리트 에렌베르크와 화학자이자 광물학자인 구스타프 로제를 고용했으며, 그의 시종 칼 자이페르트를 데리고 1829년 4월 12일 말과 마차로 출발했다.

동부 유럽, 상트 페테르부르크, 모스크바를 거쳐 우랄산맥으로 향하는 도중에도 훔볼트는 기회가 있을 때마다 지구 자기장의 세기를 측정하고 기록했으며, 천체 관측을 실시했다. 도중에 숙박할 장소가 없었기 때문에 얼어붙은 시베리아 평원 위의 마차 안에서 잠을 자야 했다. 6월 15일 그들은 중앙 우랄산맥의 마을, 에카테린부르크에 도착해 베이스캠프로 삼았다. 그들은 이미 수집한 암석과 광물표본이 들어 있는 14개 박스를 상트 페테르부르크와 베를린으로 보냈다. 이 마을에서 그들은 걸어 다니며 광산을 조사했다. 철, 구리, 금, 백금 등의 시료들을 말이다. 여행 경험을 통해 금과 백금이 있는 장소에서 다이아몬드가 종종 발견된다는 사실을 알고 있었던 훔볼트는 곧 다이아몬드를 발견했다. 러시아에서 처음으로 발견된 다이아몬드 산지였다.

우랄산맥을 탐사한 뒤, 그들은 계속 이동하여 덥고 모기가 우글거리는 시베리아의 대초원 지역을 건너 러시아와 중국의 국경에 이르렀다. 1829년 11월 모스크바로 돌아오기까지 그들은 무려 19,300km 이상을 여행한 것이다.

로제는 몇몇 광물학적 및 지질학적 발견을 출판했으며, 훔볼트

중앙아시아 탐험

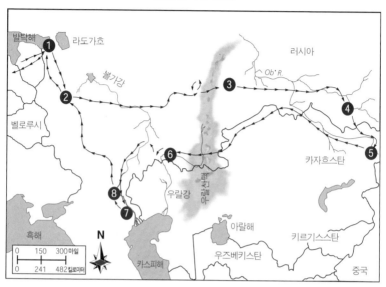

1. **상트 페테르부르크**
   1829년 5월 5일
   1829년 11월 5일

2. **모스크바**
   1829년 5월 26일
   1829년 11월 3일

3. **토볼스크**
   1829년 7월 24일

4. **바르나울**
   1829년 8월 1일

5. **바티**
   1829년 8월 19일

6. **오렌부르크**
   1829년 8월 26일

7. **엘톤**
   1829년 10월 3일

8. **아스트라칸**
   1829년 10월 21일

홈볼트는 말과 마차를 이용하여 중앙아시아를 가로질러 19,300km 이상의 거리를 여행했다.

는 1843년에 3권의 《중앙아시아》시리즈를 출판했다. 처음 2권은 아시아의 산맥 지역을 설명해놓았고, 마지막 권은 지구 자기장과 기후 관찰을 기록하고 있다. 중요한 사실은 훔볼트가 러시아 정부로 하여금 지구 자기와 기상관찰을 위한 관측소를 설치하게 했다는 점이다. 나중에 영국도 관측소를 여러 군데 설치했다.

이 노력은 최초의 국제적인 과학 협력이 되었다. 이 관측소들로부터 얻어진 정보를 통해 훔볼트는 대륙도(어떤 지역의 기후가 대륙 내부의 기후를 대표하는 정도)의 원리를 정립했는데, 지역적 기후에 따른 거대한 수괴$^{water\ mass}$의 조절기능을 담고 있다.

우주에 대한 이해

몇 년 후 훔볼트는 그의 걸작 《코스모스》를 저술하기 시작했는데, 일반 대중을 위한 우주의 모든 것을 소개하려는 시도였다. 5권의 방대한 분량으로 출판된(1845~1862) 이 책은, 일반 지구에 대한 과학적 기재뿐만 아니라 천체와 모든 생명체에 대한 내용을 담고 있다. 훔볼트는 자연과학의 상호관련성, 즉 당시로는 현대적이며 새로운 과학의 원리를 설명했다.

지질학은 기후에 영향을 준다, 기후는 생명체에 영향을 준다, 생명체는 환경에 영향을 주며 또한 암석이 만들어질 때 그 흔적을 남긴다는 등, 이것은 생명체와 환경 사이의 관계를 연구하는 생태학의 시작이기도 했다.

알렉산더 폰 훔볼트는 《코스모스》 시리즈를 다 완성하지 못한 채 1859년 5월 6일 89세의 나이로 눈을 감았다. 그의 장례는 국장으로 치러졌고, 스클로스 테겔에 있는 선산에 묻혔다. 그는 재산을 충실한 시종 자이페르트에게 물려주었다. 당대 가장 박식했던 사람이라 불리며 훔볼트는 여러 차례 명예박사 학위를 수여받았고, 모든 유명한 학술단체의 회원으로 선임되었다. 1852년 런던 왕립학회는 그에게 코플리 메달을 수여했다.

훔볼트의 연구는 해양학과 지구자기학과 같은 지구과학의 여러 분야에서 발전을 가져왔다. 식물지리학은 영국 생물학자 알프레드 월러스에게 영향을 주어 진화에 대한 이론을 정립시키게 했으며, 훔볼트의 남아메리카 여행은 영국 생물학자 찰스 다윈으로 하여금 같은 여행을 하는 동기를 부여해주었다. 또한 남아메리카 동쪽 해안과 아프리카 서쪽 해안이 그림 짜맞추기처럼 닮았다는 훔볼트의 관찰은 알프레드 베게너의 대륙이동설 제안에 영향을 주었다. 훔볼트는 다이아몬드, 구아노, 페루해류 등과 같은 지역적인 생물학적 및 지질학적 양상이 경제적 이익을 가져다준다는 사실을 간파했으며, 따라서 그의 연구는 과학뿐만 아니라 정치 경제에도 영향을 끼쳤다.

훔볼트에게는 학문 간의 경계가 없었다. 그는 지구과학의 선구자로, 탐사 동안 방대한 양의 자료를 수집했을 뿐만 아니라 일반지리학, 지질학, 기후학 및 생물학을 통합시켰다. 자연을 완전히 이해할 수 있는 사람만이 자연 전체를 설명할 수 있는 것이다.

화산은 지구 지각의 열린 틈새이며 거기서 녹은 암석과 뜨거운 가스가 분출한다. 화산은 지구 내부로부터 용암, 암석, 뜨거운 가스가 지표를 통해 터져 나올 때 만들어진다. 약 20km보다 더 깊은 곳에서는 온도가 너무 뜨거워서 암석이 녹고 마그마가 만들어진다. 마그마가 생길 때 가스 역시 발생한다. 마그마는 암석 자체보다는 덜 무겁기 때문에 가스로 채워진 마그마는 지구 표면을 향해 상승한다. 마그마는 저장소에 채워지는데, 지표 아래 약 3km의 깊이에 위치한 마그마의 포켓이다. 저장소 안의 압력은 커지고, 마그마는 주위 암석의 약해진 부분에 통로를 만들어 결국 배출구를 통해 분화가 일어난다.

방출되는 뜨거운 가스에는 수증기, 이산화탄소, 이산화황 및 질소 등이 포함되어 있다. 붉고 뜨거운 용암은 온도가 1,000℃를 넘는다. 테프라라고 불리는 암석의 파편들도 분출되는데, 테프라는 화산 먼지, 화산재 및 화산탄을 포함한다. 다량의 화산 먼지는 입자들이 지구 대기를 뚫고 들어오는 태양광을 차단하는 등 기후에도 영향을 준다. 화산탄은 그 크기가 수 센티미터에서 수 미터에 이른다.

화산들은 지구의 가장 바깥 껍질을 이루는 판들 사이의 경계에 흔히 위치한다. 이 판들은 끊임없이 움직이는 단단한 암석의 거대한 널판이다. 판이 움직인다는 아이디어는 1912년에 독일 기상학자 알프레드 베게너가 제안한 것으로, '대륙이동설'이라 불린다. 그 움직임이 인근 판들의 부딪침과 분리를 일으키고 화산활동도 유발시킨다.

화산이 최근에 분화했다면, 그 화산은 활화산이다. 활화산의 예로는 워싱턴 주에 있는 세인트 헬렌과 이태리 연안의 스트롬볼리 등이 있다. 만약 최근까지 화산이 분화하지 않았다면, 그 화산은 휴화산이다. 그 예로 캘리포니아의 라센 피크와 탄자니아의 킬리만자로가 있다. 사화산은 최근까지 분화하지 않았을 뿐만 아니라 앞으로도 분화하지 않을 화산이다. 케냐의 마운트 케냐가 그렇다.

지자기

지구의 자기를 지자기라고 한다. 지구는 마치 거대한 공 모양의 자석으로 자기 북극과 자기 남극이 자기장을 만들고 있다. 이것이 간단한 자석의 기능에 대한 기초가 된다. 나침반의 자화된 바늘은 지구 자기장에 따라 정렬하기 때문에 북극 또는 남극을 가리키게 된다. 자기장의 세기는 극지방에서 가장 세고 적도에서 가장 약하다.

지리적 북극과 자기적 북극은 일치하지 않는다. 자기적 북극과 지리적 북극 사이의 각도를 자기 편각이라 부르는데, 이는 지역에 따라 달라진다. 훔볼트는 이 사실을 특별히 흥미로워했으며, 지구의 회전축으로부터 자기장의 경사가 약 7도 정도라고 측정했다.

맨틀   지구에서 딱딱한 지
각과 액체로 된 외핵 사이의
부분.

지구 자기장은 맨틀 아래에 놓여 있는 액체로 된 외핵의 전기적인 운동으로 형성되고, 시간에 따라 변한다. 지구의 역사에서 자기장은 여러 차례 그 방향을 완전히 바꾸었다. 냉각된 용암으로부터 형성된 옛날 암석은 그 암석이 생성되었을 때의 지구 자기장에 대한 정보를 간직하고 있다. 시간에 따른 지구 자기장의 변화를 연구함으로써 지질학자들은 대륙 이동의 역사를 밝힐 수 있었다.

연 대 기

1769	9월 14일에 독일 베를린에서 출생
1787	프랑크푸르트 대학에 입학
1789	법률 공부를 위해 괴팅겐 대학에 입학하지만 과학에 흥미를 가짐.
1790	탐사가 게오르그 포르스터와 함께 유럽을 여행
1791	프라이베르크 광산 아카데미에 들어감
1792~97	프러시아 광업부에서 일자리를 얻고 최초의 광부훈련학교를 설립
1799~ 1804	애메 본플랑과 함께 아메리카로 여행기간 중 베네수엘라 초원 지대를 연구, 오리노코 강의 경로 측정, 카시키아레 운하의 존재 증명, 화산 연구 그리고 다른 고도에 사는 다른 생물체 관찰
1804	유럽으로 돌아와 탐험의 자료를 정리하고 관찰한 것들을 저술하기 시작
1807~39	30권으로 된 《1799년에서 1804년에 걸친 신대륙 적도지역으로의 항해》를 출판
1827	베를린에서 대법관 직을 수락
1828	《쿠바 섬에 대한 정치적 에세이》를 출판
1829	러시아 제국의 지형, 지질 및 기후를 탐사
1843	지형학, 지질학 및 기후학적 관찰에 대한 3권의 보고서 《중앙아시아》를 출판
1845~62	5권으로 된 《코스모스》를 출판
1859	5월 6일 베를린에서 사망

격변론자인 퀴비에는
과거 생물의
멸종 사실을
정립했다.

척추동물 고생물학의 초석을 마련한,

조르주 퀴비에

Georges Cuvier
(1769~1832)

과거 생명체의 멸종에 대한 진실

 멸종이란 단어는 공룡이나 도도새와 같은 옛날 동물들이나 오늘날 위기에 처해 있는 생물종들을 생각나게 한다. 200년 전, 동물들이 멸종될 수 있다는 생각은 널리 받아들여지지 않았다. 사람들은 자신의 눈으로 본 적이 없는 동물들이 지표 위를 기어 다녔고 걸어 다녔으며 뛰어다녔다는 사실을 믿을 수 없었다. 조르주 퀴비에는 미지의 동물들이 실제로 존재했고 영원히 사라졌다는 사실을 발표했다. 그는 격변적인 사건들이 옛날 생물종들을 전멸시켰다고 말했다. 비록 화석을 연구한 뛰어난 고생물학자로 명성을 얻었지만, 실제로는 생물학자로서의 교육을 받았다. 그는 또한 지구의 역사를 알기 위해 현재와 과거 생물들의 비교 해부에 대한 지식을 사용하기도 했다.

동물들을 스케치하다

조르주 퀴비에는 1769년 8월 23일 몽벨리아르에서 출생했다. 당시 몽벨리아르는 독일인 뷔템베르크 공작의 관할 지역이었지만 사람들은 프랑스어를 사용했다. 1793년 그 지역은 프랑스에 합병되었으며 퀴비에는 프랑스 시민이 되었다. 그의 세례명은 장 레오폴드 니콜라 프레데릭 퀴비에였다. 나중에 그의 어머니가 과거 프랑스 왕의 이름이었던 다고베르란 명칭을 추가했다. 그의 형 조르주가 어린 나이로 사망하자 그는 조르주란 이름을 사용하게 되었고 평생 이 이름이 따라다녔다. 어린 시절 조르주는 조르주-루이 레클레르 콩트 드 뷔퐁이 지은 《박물지》라는 자연 세계에 대한 44권의 백과사전을 읽고, 그 속에 나오는 다양한 동물들을 스케치하며 시간을 보냈다. 그림 실력이 뛰어났던 조르주는 후에 그의 책 속의 삽화들을 손수 그렸다.

그의 부모님은 조르주가 목사가 되길 원했지만, 선생님들은 신학교에서 장학금을 받도록 추천하지 않았다. 조르주의 아버지는 군인이었으며, 가정형편은 그가 신학교에 갈 수 있을 정도가 아니었다. 다행히 조르주는 뷔템베르크 공작이 설립한 독일 슈투트가르트에 있는 카롤린 대학에 들어갈 수 있었다.

1784년부터 1788년까지 그는 행정학, 경제학 외에도 동물학에 관한 과학적 원리와 해부학에 이르기까지 다양한 주제를 공부했다. 또한 완벽한 독일어를 구사했다.

많은 직위를 갖다

졸업 후에 조르주는 아버지의 소개로 프랑스 노르망디의 귀족 집안 가정교사로 일하게 되었다. 이 직업 덕분에 그는 프랑스 혁명의 직접적 영향을 받지 않고 자연사를 마음껏 공부할 수 있는 시간을 얻었다. 그는 페캉 항구 주변에서 어류, 연체동물, 조류의 표본을 수집했고 해부하고 관찰한 기록과 스케치를 남겼다. 이 시절 퀴비에는 카롤린 대학의 친구였던 크리스티안 하인리히 파프와 계속 편지를 주고받았다. 이 편지들 속에는 1800년대 초 퀴비에를 유명하게 만들었던 많은 과학적 아이디어가 들어 있었는데, 이를 독일의 다른 젊은 과학자들도 돌려 보았던 것 같다. 편지 내용에는 그의 과학적 연구가 언급되어 있으며, 노르망디의 지질과 백악 지층 속에 포함된 플린트 단괴의 띠와 같은 주제가 담겨 있었다. 퀴비에와 그의 노트는 프랑스 박물학자들의 관심을 끌었고, 그는 파리에 초대되었다.

1795년에 그는 당시 과학적 연구를 수행하는 가장 큰 연구소이자 새로 개편된 국립 자연사박물관에서 동물해부학을 가르쳤다. 그리고 포럼을 통해 노르망디 연구 결과를 발표했다. 퀴비에는 교수 능력이 뛰어나 곧 에콜 센트랄에 동물학 교수로 부임할 수 있었다. 그의 능력과 명성 때문에 여러 가지 다른 책임과 지위를 갖게 되었는데, 1796년에는 프랑스 연구소 자연과학부의 최연소 회원이 되기도 했다. 이 연구소는 나중에 일부가 왕립 과학아카데미로 재편되었다. 1800년에는 콜라주 드 프랑스의 교수로 임명되었고, 1802년에는 국립 자연사박물관의 비교해부학 교수가 되었다.

　　그는 1803년에 프랑스 연구소 자연과학부의 영구 간사가 되었다. 나폴레옹은 그를 1808년 대학 고문관으로 임명하여 이탈리아, 네덜란드 및 남부 독일의 고등교육을 재구성하도록 했다. 퀴비에는 1811년에 기사 작위를 수여받음으로써 가장 낮은 귀족 계급의 특권을 누릴 수 있었다. 1814년 퀴비에는 정부 의원이 되었고 1819년부터 그가 죽을 때까지 의회 내무부의 장관으로 활동했다. 1818년에는 프랑스 아카데미의 회원으로 선출되었고, 1819년에 남작이 되었으며 1824년에는 레종 도뇌르의 고급 관리, 1831년에는 프랑스의 높은 귀족 계급에 임명되었다.

화석을 가지고 동물을 분류하다

1796년 퀴비에는 프랑스 연구소에 논문 〈현생 및 화석 코끼리 종에 대한 연구 보고〉를 제출했다. 그는 당시 알려진 두 가지 코끼리, 즉 아프리카와 인도산 코끼리 종의 **골격적** 특징에 대해 구체적으로 기재했다. 퀴비에는 여러 구조

> **골격적** 뼈의 해부학적 연구에 관련한……

가운데 이빨, 두개골, 턱에 대해 살핀 다음 화석 코끼리가 세 번째 종에 속하며, '엘레파스 프리미게니우스'라는 멸종된 털 달린 매머드라고 확신했다. 또 비교해부학이 지질학적 역사를 아는 데 사용될 수 있다고 제안했다. 예를 들어 지질학의 일반적인 이론 중 하나는 지구가 형성된 이래로 서서히 냉각되었다는 것이었다. 과학자들은 화석 코끼리가 발견된 장소가 과거에 따뜻했을 것이라고 가정했지만, 퀴비에는 반박했다. 그는 만약 화석들이 완전히 새로운 종이라면 멸종된 털 달린 매머드는 현생 종보다 더 추운 기후에 더 잘 적응했을 것이기 때문에 지구가 냉각될 필요는 없다고 반론했다. 그리고 어떤 커다란 격변에 의해 파괴된 인간 역사 이전의 원시적인 세계가 있었을 것이라고 주장했다. 그는 영리하게도 격변적인 사건이 무엇이었는지에 대한 부분은 지질학 전문가들에게 떠넘겨버렸다.

몇 년 후 퀴비에는 남아메리카에서 발견된 화석 표본들을 받아 주의 깊게 해부학적 비교를 실시하면서 그가 메가테리움으로 명

명한 이 코끼리 크기만 한 짐승 역시 멸종되었다는 사실을 확인했다. 그러고는 고대 세계에 살았던 또 다른 동물이라고 결론지었다. 이런 연구들은 퀴비에의 흥미를 북돋아 모든 동물 화석들을 연구하게 되었다.

1804년 퀴비에는 다바우셀르 부인과 결혼했는데, 그녀는 혁명으로 남편을 잃은 과부였다. 그녀에게는 이미 전 남편과의 사이에 4명의 아이가 있었다. 두 사람은 다시 4명의 자녀를 두었는데, 안타깝게도 그 아이들은 모두 퀴비에보다 먼저 세상을 떠났다.

인근의 몽마르트르와 메스닐몽탕의 석고 채석장에서 잘 보존된 화석들이 대량으로 발견되자 퀴비에는 채석장 인부들에게 채석하는 동안 발견된 화석들을 가져와 달라고 부탁했다. 화석들이 부서지기 쉬운 퇴적물이 아니라 딱딱한 암석에 들어 있었기 때문에 퀴비에는 그 화석들을 조사하는 데 전문가적인 기술이 필요했다. 많은 화석들이 알려지지 않은 종들이었다. 그는 과거 지구에 더 이상 존재하지 않는, 즉 지금은 멸종된 척추동물들이 기어 다니고 있었다고 추측했다.

과학자들은 남아 있는 골격 몇 조각을 가지고 생물 조직을 식별해내는 퀴비에의 능력에 놀라워했다. 퀴비에는 그것이 가능한 이유가 조직들이 전체를 대변할 수 있기 때문이라고 주장했다. 각 부분은 서로 독립적인 것이 아니다. 예를 들면 만약 이빨이 발견되었다면 그 구조로부터 동물들이 섭취한 음식물을 추측할 수 있는 것이다. 만약 그 동물이 육식이었다면, 동물의 신체는 먹이를 잡을 수 있는 민첩성과 먹이를 찢을 강한 턱을 가졌을 것이다. 그리고 음식물의 종류에 따라 필수 영양분을 뽑아낼 수 있는 소화기관이 필요할 것이다. 비교해부학의 기본 법칙에 익숙한 해부학자들은 신체의 각 부분으로부터 전체 조직을 놀랄 만한 정확도로 다시 재현해낼 수 있다는 것이다. 퀴비에는 더 나아가 뼈에 남겨진 흔적으로부터 근육 조직을 재현할 수 있다고 주장했다. 기본적으로 모든 조직들이 결합되어 있기 때문에 퀴비에는 그 구조를 사용하여 동물들의 생태환경과 그들이 살고 있었던 지구의 일반 역사까지도 추정해냈다.

멸종과 격변

퀴비에는 왜 동물들이 멸종했는지 의문을 갖기 시작했다. 그는 멸종된 생물들의 화석들이 모두 같은 시대의 것이 아니므로 몇 차례의 급격한 변화가 있었음을 깨달았다. 과거 지구에서는 어떤 일이 일어났기에 이 동물들의 생존에 영향을 준 것일까? 과거에 생존하기 적합했던 생태 환경이 어떤 이유로 더 이상 생존에 적합하지 못하게 변화된 것일까? 결국 그의 흥미는 지질학 쪽으로 발전했다.

그는 화석이 발견되는 암석들에 대해 공부하고, 지층이 만들어질 당시 어떤 일이 일어났는지 찾아내려고 애썼다. 전체 생물종을 휩쓸어버린 과거 사건의 증거, 즉 파리의 지질학적 역사에 대

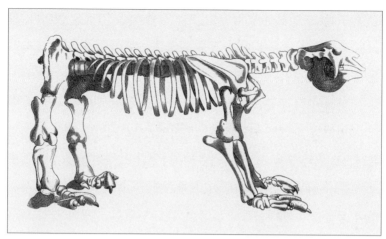

남아메리카 파라과이에서 발견된 커다란 네발짐승의 골격화석으로부터 생물종이 멸종될 수 있음이 밝혀졌다.

한 열쇠를 계속 찾으며 많은 자연 역사가들에게 함께 연구할 것을 제안했으며 동물의 화석 뼈에 대한 논문을 열심히 발표했다. 그는 멸종되어버린 몇몇 새로운 종들을 식별했는데, 오늘날의 수달, 가젤, 토끼, 맥, 주머니쥐 등과 유사한 포유동물들이 포함되어 있었다.

지구의 역사에 관해서 퀴비에는 시간을 기간에서 시대별로 세분하는 법을 받아들였다. 그는 대륙이 만들어지기 이전에 초기의 생명이 없던 광범위한 대양이 지구를 덮고 있었다고 믿었다. 바다에서 생명이 탄생하고 다음에 육지에서 생명이 나타났다. 인간을 닮은 화석이 없고, 또 그 중간 화석도 없는 것으로부터 그는 인간이 원래 그 모습대로 창조되었으며 멸종 역시 사실이라고 확신했다. 화석 증거에 대한 아이디어를 제외하고는 퀴비에의 지질학 강의는 일반적인 것이었다. 심지어 몇 차례의 지구의 격변적 변화에 대한 아이디어조차 새로운 것은 아니었다.

퀴비에의 전공은 해부학이었다. 새로운 분야에 대해 흥미를 가졌다고 해서 그 분야에서의 왕성한 연구 결과를 낳으리라는 보장은 없다. 지질학에 대한 호기심과 재능을 가진 생물학자에 불과했던 퀴비에는 자신에게 도움을 줄 생물학에 흥미를 가진 지질학자를 찾았는데, 그가 바로 알렉산드르 브로냐르였다. 브로냐르는 과거 광산기술가로 일한 적이 있었다.

1804년 초에 두 사람은 북부 프랑스의 센^{Seine} 분지에 대한 연구를 시작했다. 그들은 지층의 연속성을 조사하면서 프랑스를 누비며 특히 지층에 포함된 화석 집단에 세심한 주의를 기울였다. 화석을 포함한 각 지층은 지구의 표면이 항상 그대로이지 않음을 나타내주었다.

1808년에 그들은 〈파리 지역의 광물 지도〉라는 사전보고를 공동 명의로 프랑스 연구소에 제출했다. 전체 내용은 1811년에 출판되었는데, 나중에 전반적인 수정을 거쳐 《파리 지역의 지질학적 기재》(1822, 1835)로 다시 출판되었다. 매우 호의적인 사람이었던 퀴비에는 논문에 나타난 노력의 대부분을 그의 동료에게 돌렸다. 이 연구는 고생물학적 **층서학**의 원리를 정리했고, 지층의 컬러판 지도를 포함시켰으며, 아홉 가지 다른 연속 지층과 포

층서학 암석의 층과 화석 및 형성 시기 등을 연구하는 학문.

함된 화석을 자세하게 기재했다. 목적 중 하나는 몽마르트르 화석 지층에 연대를 부여하는 것이었다. 특히 중요한 발견으로 치자면 서로 다른 지층에서 발견된 화석들의 그룹이었다. 각 층은 그 상하의 층과는 매우 다른 화석들을 포함한다. 퀴비에와 브로냐르는 또한 동일 지역에서 나타나는 염수생물과 담수생물에 대해서도 보고했다. 그들은 화석들이 지질학적 연대기를 결정하는 데 사용될 수 있다고 제안했다. 예를 들어 어떤 지역이 처음에는 염수, 즉 바다에 가라앉았다가 나중에 육지가 되어 담수로 덮였다는 사실을 밝혀냈다. 지층은 비슷해 보여도 화석이 다르면 연대 역시 다른 것이다. 한편 퀴비에는 그가 발견한 몇 종류의 네발동물에 대해서도 기재했다.

지층에서 가장 아래의 퇴적물은 지질학적 시간으로 가장 오래된 시기의 화석을 포함했다. 현재에 가까운 시기에 퇴적된 지층을 찾아 위쪽으로 이동하면서 퀴비에와 브로냐르는 멸종되지 않고 현재까지 남아 있는 포유동물의 화석이 갑자기 나타남을 알아차렸다. 지층의 위쪽으로 계속 연구해가자 그들은 알려진 생물 종의 화석을 마침내 발견할 수 있었다. 연속성은 점진적인 것이 아니라 갑작스러운 것이었다. 퀴비에는 중간 단절이 실제로 지질학적인 단절을 나타내며, 지구 역사에서의 주요 변화를 의미한다고 결론 내렸다. 이런 변화가 전체 종을 휩쓸어버렸으며, 오늘날 생존하고 있는 종들이 지구에 살았던 모든 동물들을 전부 나타내는 게 아니었다. 퀴비에는 각각의 격변 이후에 새로운 창조가 있었는지에 대해서는 관심을 갖지 않았으나, 다른 사람들은 논리적으로 가능할 것이라고 생각했다. 분명한 점은 퀴비에는 점진적인 지질학적 순환이 그가 관찰한 사실들을 설명하기에 충분하지 않다고 믿었다는 것이다.

퀴비에는 **격변론**자였다. 격변론은 지구

> **격변론** 생물학적 및 지질학적 현상이 일정하고 점진적인 과정이 아닌 격변에 의해 일어났다고 믿는 생각.

파리 분지의 층서

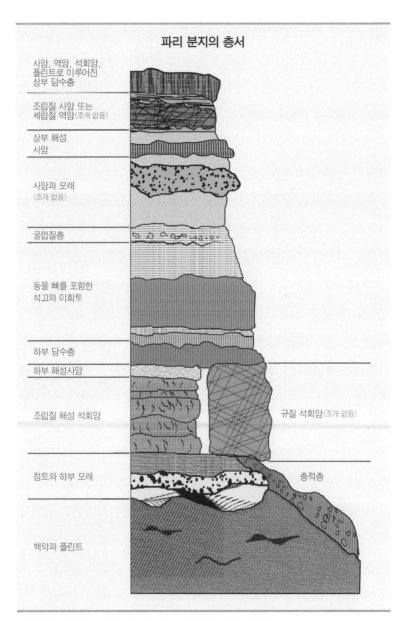

사암, 역암, 석회암, 플린트로 이루어진 상부 담수층	
조립질 사암 또는 세립질 역암(조개 없음)	
상부 해성 사암	
사암과 모래 (조개 없음)	
굴껍질층	
동물 뼈를 포함한 석고와 이회토	
하부 담수층	
하부 해성사암	
조립질 해성 석회암	규질 석회암(조개 없음)
점토와 하부 모래	충적층
백악과 플린트	

브로냐르와 퀴비에는 파리 분지에 나타난 지층의 순서를 기재했다.

지각의 어떤 지질학적 현상이 과거 화산활동이나 홍수와 같은 격변적 사건을 유발시킨다고 설명하고 있다. 퀴비에는 대량 멸종이 그런 지질학적 격변에 의해 야기되었다고 생각했다. 격변론이란 용어는 당시에 사용되었던 것은 아니다. 대신 퀴비에는 '전 지구적인 변혁'이라고 불렀다. 그는 주기적인 변혁이 왜 염수생물과 담수생물이 같은 지역에서 발견되는지, 그리고 왜 암석의 지층에 따라 지질학적 시간의 단절이 나타나는지를 설명해준다고 생각했다. 비록 퀴비에는 성경에 나타난 사건들과 변혁들을 연관시키지는 않았지만, 격변론으로 인해 어릴 때부터의 신앙, 즉 개신교를 버릴 필요는 없다고 생각했다. 창조와 대홍수에 대한 성경적 해석은 격변론적인 관점과 부합하는데, 대홍수는 가장 최근의 대격변이었다. 하지만 퀴비에는 그의 고생물학적 발견으로부터 창조가 여러 단계에 걸쳐 일어나야만 했다는 사실을 확신했다.

멸종에 대해서 다른 사람들은 과거의 많은 생물들이 더 이상 존재하지 않는다는 퀴비에의 주장에 반대하지 않았을까? 실제로 그랬다. 사람들은 왜 하나님이 만물을 창조하고서 또 사라지게 했는지 의문을 가졌다. 몇몇 사람들은 화석이란 것이 잘못 식별되어서 그렇지, 실제로는 살아 있는 생물의 흔적이라고 생각했다. 또 어떤 사람들은 화석의 생물 종이 아직 인간에 의해 관찰되고 식별된 적이 없는 것에 불과하다고 주장했다. 그들은 그 생물 종들은 아직 탐험되지 않는 세상의 어딘가에 살고 있다고 추측했던 것이다.

1812년에 퀴비에의 화석 연구는 거의 완료됐다. 그는 과거에 발표한 수많은 논문들을 모으고 재분류하여 4권으로 된《네발동물의 뼈 화석에 대한 연구》라는 제목의 책으로 다시 발간했다. 이 책에는 일반 대중이 이해할 수 있도록 〈예비 논문〉을 첨가해놓았는데, 이것은 전 지구적인 변혁, 지질 구조와 지층, 뼈 화석에 대한 연구, 지구 역사 규명을 위한 활용 및 생물의 멸종에 대한 증거를 요약한 것이다. 1826년에 이 부분은 따로 떼어내서《지구 표면의 변혁에 대한 논문》으로 출판되었다. 그 명료함 때문인지 이 얇은 책은 여러 나라 언어에서 셀 수 없을 정도로 많이 재판 인쇄되었다.

마지막까지 해부학자

퀴비에는 다시 원래 전공이었던 비교해부학에 집중했다. 1817년 그는 방대한 동물학적 내용을 담은《조직체계에 따라 분류된 동물계》를 출판했다. 이 작업은 전체 동물계에 대한 기재를 다룬다. 그는 스웨덴 박물학자 칼 린네가 제안한 분류체계를 수정하였다. 퀴비에는 동물에 대한 네 가지 구분을 제안했는데, **척추동물**, 연체동물(갑각류 포함), 체절동물(곤충 포함), 방사동물(극피동물 포함)이 그것이다. 오늘날의 관점에서

> 척추동물 척추를 가진 척색 동물로 포유류, 조류, 어류, 파충류 및 양서류를 포함한다.

보면 이 분류는 어설픈 것이지만, 당시로는 동물의 다양성, 특히 무척추동물을 강조한 것으로 주목 받았다.

프랑스 박물학자 장 밥티스트 드 모네 드 라마르크는 1809년의 저서 《동물철학》에서 생물들이 변이한다고 제안했다. 생물은 점차 그 환경에 더 잘 적응하기 위한 형태로 변화하고, 이런 변화가 다음 세대로 전달된다는 것이다. 라마르크에 따르면 동물들은 점점 더 복잡화되었다. 하지만 당시의 보편적인 생각은 생물의 형태는 하나님이 원래 창조한 대로 안정적이라는 것이었다.

각 생물의 형태는 변이되지 않는다. 변화는 도덕률에도 어긋날 뿐 아니라 생물이 처한 특별하고 성스러운 환경에서 살아남는 능력을 약화시킨다. 또한 만약 동물들이 변이한다면 전체적인 분류학의 기본이 흔들릴 것이라고 생각했다.

퀴비에를 파리로 오게 한 장본인이자 스스로 동물이 변화한다고 믿었던 에티엔 조프루아 생틸레르는 1802년 이집트에서 가져온 박제된 따오기(새의 한 종류)를 퀴비에에게 보냈다. 당시에는 3,000년이란 꽤 긴 시간을 가진 것으로 여겨졌다. 대부분의 사람들은 지구의 나이가 고작 6,000년 정도라고 믿었다. 퀴비에는 만약 3,000년 안에 변화가 일어나지 않는다면 결코 변화되지 않을 것이라고 생각했다.

조프루아의 두 조수가 두족류(무척추동물)와 어류(척추동물) 사이에 존재한 연결고리를 발표하려고 했을 때 퀴비에가 방해하면서 동료이자 협력관계였던 조프루아와 퀴비에 사이는 멀어졌다. 또한 둘 사이의 공공연한 논쟁이 1830년 파리의 왕립 과학아카데미에서 벌어졌다. 주제는 형태가 역학적인 기능을 결정하는지, 아니면 그 반대로 기능이 형태를 결정하는지였다.

조프루아는 모든 척추동물은 기본 조직체계의 일반적 형태를 가지고 있으며 극소수만이 변형되었다고 믿었다. 그는 충수와 같은 퇴화 기관이 모든 척추동물이 원래 동일한 조상의 형태를 가졌다는 증거라고 주장했다. 또한 만약 같은 식으로 구조들이 연결되어 있다면 크기 또는 형태에서의 차이는 그다지 중요하지 않다고 생각했다.

퀴비에는 형태의 유사성은 단지 유사한 기능의 결과라고 반대했고, 각 부분들의 결합이 전체적인 기능을 나타낸다고 믿었다. 오늘날 해부학자들은 비교되는 구조와 종에 따라 양쪽 개념을 모두 받아들이고 있다. 예를 들어 새의 날개와 곤충의 날개는 양쪽 모두 비행이라는 기능을 수행하지만, 이 두 동물들은 동일한 구조적 원형의 조상을 갖지 않는다. 이 구조들은 상사기관으로 생각된다. 반면, 새의 날개와 박쥐의 날개는 공통적인 무척추동물의 구조적 조상을 가지는데, 그들은 진화에서 밀접하게 연결되어 있다. 만약 공통적인 조상의 구조를 가지고 있다면 그 구조들은 상동이라고 불린다.

《어류의 자연사》는 퀴비에의 또 다른 동물학적 업적이었다. 이 책은 아쉴르 발렌시엔느와의 공동 작업으로 저술되었으며, **어류학** 분야의 모든 지식이 총망라되어 있다. 1828년 출판을 시작으로 1832년 퀴비에가 사망하기까지 8권이 더 출간되었다. 스

어류학 어류를 연구하는 학문.

물두 번째와 마지막 권은 1849년에 출판되었는데, 이 책에 담고 있는 분류 체계는 현대 어류학 분류의 기초가 되고 있다.

퀴비에의 유산

1832년 5월 퀴비에는 중풍에 걸리고 며칠 후에 사망했다. 그의 유산으로는 1만 9천여 권에 이르는 도서들과 수천 권의 소책자들이 있었다. 게다가 국립 자연사박물관의 표본을 13,000종 이상 추가해놓았는데, 모두 그만의 분류 체계로 정리해둔 것이다.

퀴비에는 격변론자로 기억되며, 과거 생물의 멸종 사실을 정립한 것으로 유명하다. 하지만 프랑스 연구소에서 과학적 진보를 보고한 논문들과 영구 간사로서의 역할 또한 주목할 만하다.

미진한 시작을 극복하기 위해 끊임없이 노력했던 퀴비에는 때로는 거만하고, 성급하며 아첨을 잘하는 사람으로 평가되기도 했다. 하지만 일생 동안 많은 성취를 이루었으며, 많은 지위와 작위를 얻었고 그의 지성은 존경받았다. 하지만 너무 완고하여 종의 다양성에 관해 결코 마음을 열지 않았다. 이 때문인지 자연 선택에 의한 진화론이 널리 유행하게 되자, 퀴비에의 명성은 시들해졌다. 그러나 그는 무척추동물 고생물학에 대한 초석을 마련하여 지구과학과 생명과학의 연결고리를 만듦으로써 여전히 과학사의 중요한 위치를 차지하고 있다.

화석과 고생물학

화석이란 용어는 과거에는 땅속에서 나온 모든 것을 가리켰지만, 오늘날에는 예전에 살던 생물의 유해나 흔적만을 가리킨다. 퇴적물에서 발견되는 옛날 뼈와 동물 발자국도 모두 화석으로 간주된다. 또한 생물학적 기원을 가진 석탄이나 천연가스와 같은 연료에서도 사용된다.

수중 생물의 화석이 육상 생물보다 흔한데, 침식으로 쓸려온 물질들이 물속에서 퇴적되기 때문이다. 일반적으로 죽은 생물의 유해는 미생물에 의해 분해되지만 때때로 보존되기도 한다. 뼈와 이빨과 같은 단단한 물질들은 본질적으로 변하지 않은 채 발견된다. 생물체가 얼음 속에서 빨리 냉동된다면 부드러운 부분이라도 보존될 수 있다.

일부 화석은 광물들이 유기물질을 대체하여 딱딱해져 돌로 변하면서 기본적인 형태를 유지시킨다. 다른 예로는 구멍이나 공간들은 단단한 광물질로 채워진다. 화석의 또 다른 형태는 생물체가 지구 내부에서 압착될 때 생긴다. 시간이 흐르면 생물체는 분해되고 탄소의 얇은 막만 남게 된다.

마지막으로 생물체가 퇴적물과 함께 쌓이고, 이 퇴적물이 단단해지게 되는 것이다. 만약 산성 용액이 생물체로 흘러들어가면 생물체는 분해되고 단단해진 퇴적암 속에 흔적만 남겨놓는다.

화석에 대한 과학적 연구를 고생물학이라 한다. 고생물학자들은 여러 주제에 흥미를 가진다. 예를 들어 몇몇 고생물학자는 과거와 현재에서 모든 생물체 사이의 계통학적 관계에 흥미를 가진다. 다른 학자들은 지질 시간을 조사하는 데 화석의 증거를 사용한다.

> 고생물학 화석을 근거로 하여 지구 생명체의 역사와 선사시대 동식물을 체계적으로 연구하는 학문.

지구의 역사는 여러 지질시대로 구분된다. 각 시간 구분은 남아 있는 특정 화석으로 정의되는데, 화석은 그것을 포함한 암석층이 언제 형성되었는지를 알게 해주는 것이다. 고생물학자들은 또한 지구의 역사를 통해 일어난 많은 사건들을 화석을 이용하여 알아내기도 한다.

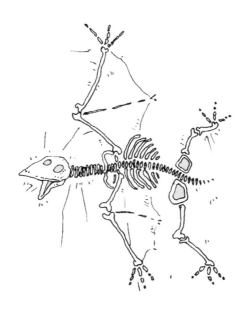

연 대 기

1808~11	《파리 지역의 광물 지도》 출판, 후에 내용을 보완하여 《파리 지역의 지질학적 기재》(1822, 1835)로 출판
1809~13	고등 교육제도를 재구성하기 위해 이탈리아, 네덜란드, 독일을 여행
1812	《네발동물의 뼈 화석에 대한 연구》를 출판
1814	의회 의원이 됨
1817	《조직체계에 따라 분류된 동물계》를 출판
1819~32	의회 내무성을 관장
1826	《네발동물의 뼈 화석에 대한 연구》에서 〈예비 논문〉을 떼어내 《지구 표면의 변혁에 대한 논문》 출판
1828	22권짜리 《어류의 자연사》의 첫 권을 출판
1830	에티엔 조프루아 생틸레르와 공개적인 논쟁을 벌임
1832	프랑스 파리에서 5월 13일 사망

화석 천이의 원리를
공식화시켰으며,
세계 최초로 대규모의
지질도를 만들었다.

지하세계의 비전을 밝힌 탐사가,

윌리엄 스미스

William Smith
(1769~1839)

세계 최초의 지질도 작성

　사람들은 포장된 선물을 받았을 때 그 안에 무엇이 들어 있는지 상상한다. 우선 상자의 크기와 모양으로부터 내용물이 무엇인지 짐작할 수 있다. 다음으로 포장을 뜯기 전에 상자를 두드려보거나 흔들어보면서 좀 더 자세한 모양을 예상하기도 한다.

　19세기에 들어설 무렵, 선물 상자처럼 흙과 식물들로 포장되어 있는 지구의 속이 어떤지를 관찰하고 예측한 사람이 있었다.

　윌리엄 스미스는 잉글랜드 전역에 걸쳐 지층의 규칙적인 연속성을 인식한 독학의 탐사가였으며, 유사한 암석의 지층이 그 속에 포함된 특징적인 화석 그룹으로부터 구별될 수 있다고 제안했다.

> **지질도** 어떤 지역의 기반암과 기타 지질학적 특성을 보여주는 지도.

　이런 정보를 사용하여 그는 세계 최초로 전국적인 대규모의 지질도를 만들어냈다.

파운드스톤

윌리엄 스미스는 1769년 3월 23일 잉글랜드 옥스퍼드셔의 처칠에서 존 스미스와 앤 스미스 사이의 네 아이 중 맏이로 태어났다. 아버지인 존은 대장장이이자 기계공이었는데, 윌리엄이 여덟 살 때 세상을 떠나고 말았다. 수년 뒤 어머니 앤은 재혼했다.

윌리엄은 열한 살 때까지 시골 학교에서 글쓰기와 수학을 배웠다. 어린 시절 그는 옥스퍼드셔 들판에서 발견한 파운드스톤에 흥미를 가진 적이 있다. 둥글고 돔 모양으로 생긴 이 돌은 대략 1파운드의 무게를 가졌기 때문에 시골 아낙네들이 무게를 재는 데 사용되었다. 때때로 별 모양과 같은 재미있는 형태를 가진 돌들도 있었는데, 화석으로 변한 성게였을 것으로 생각된다. 윌리엄은 또한 도토리만 한 공 모양의 암석을 수집했는데, 이 돌은 실제로는 **완족류**의 일종인 **테레브라툴리드**의 화석이었다. 대리석 대용품으로 쓰였던 이 돌들이 어린 윌리엄의 유일한 장난감이었다.

> **완족류** 두 장의 서로 다른 형태의 껍데기를 갖는 해양 무척추동물.
>
> **테레브라툴리드** 작은 완족류.

탐사가로서의 경력

월리엄은 자신을 친절하게 보살펴준 삼촌과 함께 살았다. 하지만 시골 학교를 떠나 스스로 독학하던 월리엄은 책을 사기 위해 그가 상속받은 재산을 쓸 수 있도록 요청했다. 구입한 책 중의 하나는 다니엘 페닝이 지은 《측정의 기술》이었다.

그가 열여덟 살 때의 일이었다. 하루는 그 책을 들고 마을 주변을 걷고 있는데, 마침 옥스퍼드셔를 방문 중이던 에드워드 웹이라는 사람을 만났다. 전문적인 탐사가였던 그는 지역의 경계를 결정하고 기하와 삼각법을 이용하여 땅의 높이를 측정하는 사람이었다. 농장 지대의 구획을 정리하는 데 도와줄 조수가 필요했던 웹은 월리엄을 조수로 고용했다.

스미스는 빠른 시간에 옥스퍼드셔의 토양과 암석 그리고 탐사방법을 배워나갔다. 수개월 안에 그는 **축도기**, **경위의**, 분할기, 커다란 쇠로 만든 측쇄를 포함해 지리학 탐사에 필요한 모든 장비들을 능숙하게 사용할 수 있었다. 그는 웹과 함께 조사를 다녔으며 나중에는 스토온더월드에서

> **축도기** 하나의 형상을 원하는 축척으로 해서 기계적으로 복사하는 도구. 조작자가 그린 선이나 원을 동시에 재현해주는 가느다란 금속 막대가 연결된 틀로 구성되어 있다.
>
> **경위의** 각도와 방향을 측정하는 탐사 도구.

16km 떨어진 웹의 집으로 이사했다. 조사를 다니면서 그는 지질학적 발견에 대한 관찰 일기를 써 나갔다.

1791년 스미스는 바스 근처 스토위 마을에서 평가 조사를 하기

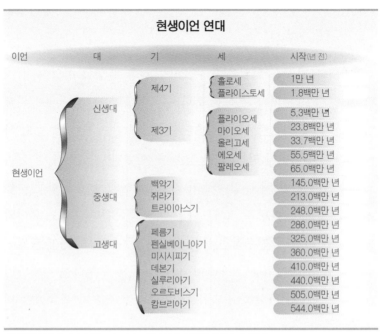

현생이언 연대

이언	대	기	세	시작(년 전)
현생이언	신생대	제4기	홀로세	1만 년
			플라이스토세	1.8백만 년
		제3기	플라이오세	5.3백만 년
			마이오세	23.8백만 년
			올리고세	33.7백만 년
			에오세	55.5백만 년
			팔레오세	65.0백만 년
	중생대	백악기		145.0백만 년
		쥐라기		213.0백만 년
		트라이아스기		248.0백만 년
	고생대	페름기		286.0백만 년
		펜실베이니아기		325.0백만 년
		미시시피기		360.0백만 년
		데본기		410.0백만 년
		실루리아기		440.0백만 년
		오르도비스기		505.0백만 년
		캄브리아기		544.0백만 년

지질학적 연대에 나타나 있는 각 시기는 암석 형태의 특정 체계를 나타낸다.

위해 서머싯으로 갔다. 그는 웹을 위해 수년간 일을 하며 그 지역을 알게 되었고 또 주민들과 친해졌다. 그러던 중 스미스는 엘리자베스 존스 부인이라는 영향력 있는 여성의 땅을 조사하게 되었다. 그는 하이 리틀턴의 동쪽에 있는 러그본이라 불리는 그녀의 농장을 빌렸다. 이곳이 나중에 지질학의 탄생지로 알려지게 된 곳이다.

　서머싯은 석탄 광산지대였고 존스 부인은 하이 리틀턴 석탄회사의 감독이었다. 그녀에게 고용된 스미스는 땅을 조사하고 계획하고 배수시설을 만들었다.

1792년 그는 주로 메언스 피트에서 일했다. 스미스는 처음 그 광산에 가서 자신이 관찰한 것 때문에 어리둥절했다. 광산 아래로 내려갈수록 수풀, 자갈, 표토를 지나쳤고 그다음에 더 단단한 암석층이 나타났는데, 그 층은 석회암, **이회암**, 셰일로 구성되어 있었다. 이 암석층 아래에서 또 다른 변화가 갑작스럽게 나타났다. 색이 적녹색에서 회갈색으로 갑자기 변했으며 아래쪽으로 가파르게 경사져 있었다. 이 층은 뒤틀려 있고 또 부서져 있었는데, 그 위층에서 보이던 다양한 두께의 수평층과는 너무나도 대조적이었다.

약 3억 년 전 유럽과 아프리카의 판들은 서로 충돌하여 **판게아**를 형성했다. 판게아는 모든 대륙들이 모여 만들어진 엄청난 초대륙이다. 충돌의 결과로 말미암아 압축과 습곡운동이 수백만 년 동안 지속되어 영국 전역에서 많은 독특한 지질구조를 만들었다. 이 과정은 **바리스칸 조산운동**이라 불리며 페름기 이전 암석들에 구조적으로 불규칙하고 복잡한 양상을 남겼다. 이로 말미암아 북부 서머싯에서 석탄의 **채광**이 어려워졌는데, 석탄을 포함하고 있는 암석들이 2억 9천만 년에서 3억 1천만 년의 시기, 즉 상부 석탄기 동안에 퇴적되었기 때문이다.

광산에 있는 동안 스미스는 세부적인 관

> **이회암** 반쯤 굳은 점토질 석회암으로 대부분이 점토, 탄산칼슘, 미화석 및 연니로 이루어진다.
>
> **셰일** 점토 입자들이 쌓여 만들어진 퇴적암의 한 종류. 얇은 층으로 잘 쪼개진다.
>
> **판게아** 2억 년 전에 분리되어 현재의 대륙 분포를 만든 초대륙.
>
> **바리스칸** 석탄기와 페름기의 주요 조산운동으로 아프리카와 유럽이 서로 붙으면서 일어났다. 중부 유럽의 많은 산맥들을 만들어냈다.
>
> **조산운동** 특히 지구 지각의 휘어짐에 의해 산맥들이 형성되었다.
>
> **채광** 지구로부터 광물을 추출해내는 과정.

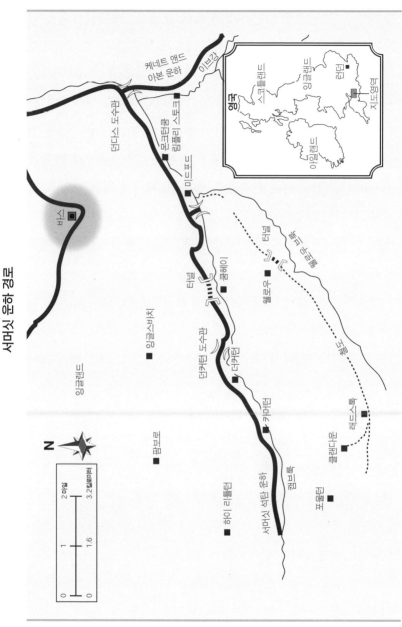

서머싯 운하 경로

스미스는 서머싯 석탄 운하를 담당한 엔지니어로서, 석탄을 광산으로부터 시장으로 운반할 운하의 경로를 선정하는 책임을 맡았다.

찰을 계속해 나갔다. 예를 들어 서로 다른 광산에서 동일한 패턴을 발견했다. 꼭대기에서 바닥까지 사암, **미사암**, 이암, 비해성 띠, 해성 띠, 석탄, 점토층 그리고 다시 사암으로 이어지는 순환

> **미사암** 고화된 세립질의 사암.

적인 패턴이었다. 특히 석탄이 포함된 층은 항상 동일한 위치에서 나왔다. 그는 모든 퇴적암들이 같은 시기에 쌓였으며, 같은 층의 순서대로 동일한 화석들이 나타남을 깨달았다. 스미스는 지질학을 과학의 일종으로 보기 시작했으며 그의 흥미는 커져만 갔다.

스미스는 이런 예측이 어디서나 적용될 수 있을지 궁금했다. 이런 패턴이 수 킬로미터 떨어진 땅속의 암석에 대해서도 마찬가지일까? 산맥과 같은 땅 위의 암석에 대해서는 어떨까? 이런 종류의 정보가 어떤 종류의 암석이 어디 있는지를 찾아내는 데 사용될 수 있을까? 그는 더 많은 자료를 모았고, 이 의문들에 대한 답을 찾기 시작했다.

그런데 광부들이 초조해졌다. 아본 강 건너편 웨일스 사람들이 석탄을 운반할 목적으로 운하를 건설하고 있었기 때문이었다. 서머싯의 광부들은 석탄을 효율적으로 운반할 수 없다면 석탄 판매 경쟁에서 이길 수 없게 되므로 그들도 운하를 건설하기로 결정했다. 서머싯 석탄 운하라고 명명된 운하의 최적 경로를 결정하기 위해 탐사가가 필요했다. 그 운하는 석탄 생산지인 카머턴과 림플리 스토크를 연결시켰다.

스코틀랜드 사람 존 레니가 계약했지만 그는 너무 바빴기 때문에 존스 부인은 스미스를 조수로 추천했다. 1793년 스미스는 운

하의 경로에 적합한 구조를 조사하기 시작했는데, 파기 쉬워야 하고 물이 새지 않아야 했다. 이 일은 땅을 파면서 노출되는 암석들로부터 지질학적 정보를 얻을 수 있는 아주 좋은 기회였다. 그는 북쪽의 던커턴 라인과 남쪽의 래드스톡 라인이라는 두 개의 평행한 운하를 짓도록 제안했다. 이로부터 더 넓은 지역에서의 지질을 조사할 수 있었다. 그는 던커턴과 미드포드 사이의 암석들이 일정하게 경사져 있음을 알아차렸다. 이 사실은 지층이 항상 수평적이지 않다는 사실을 일깨워주었다. 또 암석의 층들에 뚜렷한 순서가 있음을 관찰했고, 그의 아이디어와 관찰이 전 국토에 적용될 수 있으리라고 생각했다.

1794년 초 스미스는 운하 건설에 대한 허가를 받을 목적으로 국회 회의의 증인으로 참석하기 위해 런던으로 갔다. 이것은 프로젝트를 시작하기 전에 거쳐야 하는 단순한 행정적인 절차였다. 그는 런던에 있는 동안 생긴 여유시간을 도서관과 서점에서 자신의 아이디어와 유사한 내용을 출판한 사람이 없는지 알아보는 데 보냈다. 결국 알아내지는 못했지만 누군가 같은 아이디어를 가지고 있을지도 모른다고 걱정했다.

층서학의 탄생

스미스는 그해 운하위원회의 다른 두 사람과 마차로 여행을 떠났다. 잉글랜드와 웨일스 전역을 돌아다니는 약 1,450km에 이르는 그 여행의 목적은 사람들이 어떻게 운하를 건설하고 있는지 알아보는 것이었다. 이 답사를 통해 그는 계속 암석과 화석 시료들을 수집했으며 지질학적 관찰에 대한 기록을 남겼다. 그는 함께 간 동료들에게 지형을 보면 지하에 어떤 종류의 암석이 분포하는지 알 수 있다고 귀띔해주었다. 스미스의 이런 기술과 열정에 동료들은 감탄했다.

스미스는 여러 지층들을 잘 식별해낼 수 있게 되었는데, 몇몇 지층들은 매우 유사해 보였다. 만일 암석층들이 같은 조건에서 퇴적되었다면 비록 퇴적된 시기가 달랐어도 유사하게 보일 것이다. 마찬가지로 동일한 시기에 퇴적되었고 유사한 조성을 가지는 암석층이라도 화산활동이나 강물 침식과 같은 물리적인 교란이 일어난다면 서로 다르게 보일 것이다. 아주 멀리 떨어져 있고 시간차이가 많이 나지만 매우 유사하게 보이는 두 지역의 석회암 노두를 관찰한 스미스는 경사와 **주향**에 대한 지식으로 그 두 노두가 사실 다른 시기에 형성된 다른 지층임을 알아냈다. 경사는 암석층이 수평면으로부터 기울어져 있는 각도이며, 주향은 경사에 직각 방향이다.

그렇다면 어떻게 이 암석층을 구별할 수 있을 것인가? 몇 년 동안 잉글랜드 전역에 대한 자세한 조사를 하고서 스미스는 **화석천이**의 원리를 만들어냈는데, 1796년 이것을 일지로 작성하여 남기게 된다.

> **주향** 수평으로 절단되는 구조적 표면의 방향. 주향은 경사 방향에 직각이다.
>
> **화석천이** 생명체의 화석이 뚜렷하고 결정 가능한 순서로 서로 연속되어 있다고 설명하는 이론. 화석의 산출량으로 시간 간격을 알게 해준다.

1798년 스미스는 바스 근교에 터킹 밀이라 불리던 집을 구입했다. 바스는 지질학적 연구에 적합한 지역으로 쥐라기 중기의 암석들이 여기저기 널려 있었다. 많은 지층들이 나타났는데 그중에는 여러 시기에 걸쳐 형성된 암석들의 노두가 포함되어 있었다. 그곳에 살면서 그는 최초의 지질도라고 여겨지는 것을 만들었다. 그것은 바스를 중심으로 하는 8km 반경의 원형 지도였다.

스미스는 서로 다른 화석의 종류를 기록했고, 경사와 주향의 정보를 사용하여 다양한 지층의 위치를 결정했다. 중요한 점은 그가 암석들의 위치를 표시하기 위해 컬러를 사용했다는 것인데, **어란상 석회암**을 노란색으로, 리아스 석회암을 탁한 파란색으로 그리고 붉은 이회암을 적벽돌색으로 표시했다.

어란상 석회암 석영 핵 주위에 작은 구형의 탄산칼슘 부가체가 모여 만들어진 석회암.

스미스는 1799년 별다른 이유 없이 서머싯 석탄회사로부터 해고당한 뒤 20년간 광물 탐사가 및 배수로 엔지니어로서 독립적으로 일했다. 그의 기술을 필요로 하는 일거리가 꾸준히 있었기 때문에 수입은 적지 않았지만, 불행하게도 대부분의 수입은 1815년까지 대규모 지질도를 제작하는 데 써버렸다.

1796년 스미스는 바스 농업학회에 회원으로 선출되어 그의 삶과 업적에 영향을 준 많은 사람들과 만나게 되었다. 그중 가깝게 지내던 두 사람이 있었다. 이들은 파레이의 벤자민 리처드슨 목사와 퓨시의 조셉 타운센드 목사로 화석 수집가였다.

1799년 어느 날 밤 타운센드의 집에서 저녁을 함께 먹고 난 후, 두 목사는 종이를 꺼내어 스미스가 불러주는 대로 지층의 목록을 받아 적었다. 일종의 표의 형태였는데 백악에서 석탄까지 23개 지층의 순서뿐만 아니라 각 지층의 두께, 암석의 특징, 포함된 화석들의 분류 등에 대한 정보를 포함하고 있었다. 그날 밤 그들은 세 장을 복사하여 각각 한 부씩 나누어 가졌으며, 이 정보는 흥미를 가진 자 누구에게나 복사해서 나누어주기로 합의했다. 수년 뒤 스미스는 이 표의 복사본들이 다른 대륙에도 보급되었다는 소식을 듣게 된다.

1801년 리처드슨은 스미스에게 잉글랜드와 웨일스에 분포하는 지층의 순서에 대한 그의 결과를 출판할 수 있도록 제안서를 쓰게 했다. 그는 왕립 런던학회의 회장이었던 조셉 뱅크스 경의 후원을 받았다. 하지만 몇 년이 지나도 별다른 진전이 없었다. 스미스는 융자금을 갚기 위해 매우 바쁘게 일해야 했다.

1805년 스미스는 런던에 큰 집을 빌렸다. 평범한 출신과 정규 교육을 받지 못한 것이 걸린 그는 괜찮은 직업과 후원을 얻기 위해서는 성공한 사람처럼 보여야 한다고 생각했다. 그러나 터킹 밀의 집은 계속 소유했다. 게다가 그는 수년 전에 잘못 투자한 적이 있었다. 그는 당시 건축 자재로 인기 있던 어란상 석회암을 채석하려고 석산에 투자하면서 터킹 밀을 담보로 다시 융자를 받았었다. 불행하게도 시기가 좋지 않아서 1800년대 초반은 건설 경기가 아주 나빴다. 더욱이 그 돌의 품질도 좋지 않았다. 스미스는 바스에 사무실도 하나 빌렸는데, 스미스와 크루즈 육지 탐사가들이라는 회사였다. 오랫동안 기다렸던 지도 작성 프로젝트의 비용으로 그는 빚지지 않으려고 노력하며 무섭도록 열심히 일했다.

이런 와중에 결혼까지 하게 되었다. 그의 열일곱 살 신부는 교육받은 적이 없고 종종 아팠으며, 결국에는 정신 착란을 일으켜 스미스의 골칫거리가 되었다. 1807년에 그는 고아가 된 조카 존 필립스의 후견인이 되었다. 존은 나중에 스미스의 조수가 되었고 후일 유명한 지질학자가 되었지만, 그 당시에는 스미스의 또 다른 재정적인 부담이었다.

1810년에 스미스가 수행했던 작업 중 잘 알려진 것은 유명한 바스 온천을 수리하는 것이었는데, 그 온천은 이상하게도 물이 줄어들어 메말라가고 있었다. 문제 해결을 의뢰받은 스미스는 곧 반추동물의 뼈가 온천으로 흘러들어가는 물의 통로를 막고 있는 것을 발견했다. 결정들로 덮여 박혀 있던 뼈를 제거하자 온천에는 이전보다 더 많은 물이 넘쳐흘렀다.

세계 최초의 지질도

크게 존경받던 잉글랜드 출신의 지도 제작자 존 캐리는 1812년 스미스의 지도 출판에 동의했다. 지형도가 인쇄되고 그 위에 스미스의 지질학적 정보가 덧씌워졌다. 지도 제작은 실로 힘든 작업이었는데, 16개의 도판을 제작하고 완성되는 데만 3년이 걸렸다.

스미스가 자료를 모으고 정보를 획득하는 데에는 14년이나 걸렸다.

완성된 지도 《잉글랜드, 웨일스 및 스코틀랜드의 일부 지역의 지층에 대한 도해》는 50페이지 분량의 설명서와 함께 1815년에 출판되었다. 그 지도는 2.4×1.8m보다 좀 더 컸으며, 1cm가 약 3.2km에 해당하는 축척이었다. 인상적인 것은 컬러였다. 스미스는 암석의 종류를 나타내는 데 다양한 컬러와 음영을 사용했다. 제3기 노두에는 회색을, 백악에는 청록색을, 산호 석회암에는 갈색을, 어란상 석회암에는 노란색을, 리아스 석회암에는 파란색을 그리고 붉은 토양에는 빨간색을 사용했다. 처음으로 컬러를 사용했을 뿐만 아

> 제3기 지질학적 연대에서 현재에 가까운 커다란 기간 중 하나. 신생대의 기간으로 에오세, 올리고세, 마이오세 및 플라이오세를 포함한다.

니라 각 암석층의 바닥은 상부보다 더 어둡게 색칠함으로써 물러나서 보면 곧 형태가 구분됐다. 이런 작업은 지도 제작에서 고전이 되었다. 현대적 지질도 역시 동일한 원리를 사용하며, 200년 전 스미스가 사용했던 것과 같은 컬러 체계를 쓰기도 한다.

지도는 400부나 만들어졌지만 판매는 미미했는데, 그 이유 중 하나는 조지 벨라스 그리노에게 있었다. 그는 지성이 풍부한 사람들이 모인, 작은 규모의 엘리트 클럽인 런던 지질학회의 창시자 중 한 사람이었다. 비록 스미스는 1808년 그 학회에 들어가지 못해 상처받았지만, 그들을 초대해 그의 감동적인 화석 표본들을 보여주었다. 그 표본들은 연대 순서대로 자세하게 정리되어 있었고, 또한 선반 위에 지층의 순서대로 아름답게 진열되어 있었다. 그런

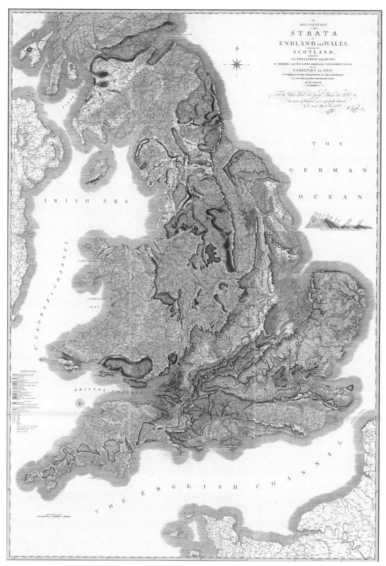

《잉글랜드, 웨일스 및 스코틀랜드의 일부 지역의 지층에 대한 도해》는 암석의 종류에 따라 서로 다른 색을 사용하여 손으로 색칠해 만든 것이다.

데 지질학회의 방문은 매우 실망스러운 것이었다. 스미스는 받아 마땅한 칭송을 받지도 못했고, 또 그가 절실하게 원했던 지질학회에 초대 받지도 못했다. 지질학회의 회장이 감동했을 뿐만 아니라 질투하기도 했다는 사실을 그는 눈치채지 못했다. 그리노는 스미스의 업적을 가로챘으며, 그것은 스미스에게 개인적으로나 직업적으로 치명적인 타격을 안겨주었다.

그리노는 지질학회가 스미스의 것과 유사한 잉글랜드의 지질도를 출판할 것이라고 공표했다. 사람들은 스미스의 지도를 사기보다는 그리노의 지도가 나올 때 까지 기다렸다. 결국 스미스의 지도는 지질학회의 지지를 받지 못했고, 그리노의 지도는 더 싸게 팔 것이란 소문이 돌았다. 1819년 지도가 나왔을 때, 그것은 스미스의 지도보다 나을 것이 없었고 또 새로운 정보를 포함하지도 않았다. 그리고 그리노는 지도를 만드는 데 스미스의 작업을 훔쳤다고 인정하지 않을 수 없었다. 개정판을 내는 우스운 일을 하며 그리노는 사과했고 지도의 복사본을 스미스에게 선물했다.

재정적인 어려움이 심해진 스미스는 그의 방대한 화석 표본들을 대영박물관(오늘날 런던 자연사박물관)에 팔아야 했다. 스미스는 조금이라도 돈을 벌 수 있을 것이라는 희망으로 《정리된 화석으로부터 식별된 지층》(1816)과 《정리된 화석의 층서학적 체계 제1부》(1817)를 출판했다. 두 번째 책은 지금은 박물관 소유가 된 표본들의 카탈로그였다. 하지만 책들은 잘 팔리지 않았다. 그래도 그는 계속하여 잉글랜드 여러 지역의 지질도를 만들고 출판했다(1819~24). 또한 《런던에서 스노던까지의 지질 단면》(1817)을 출판했는데, 암석들의 상대적인 두께와 배열을 나타내었다.

그는 빚을 갚지 못해 11주 동안이나 감옥살이를 했으며, 그의 집과 소지품을 몽땅 잃기도 했다. 그의 논문들과 지도들 역시 잃을 뻔했으나 이름을 밝히지 않은 친구가 그것을 사서 스미스에게 돌려주었다. 감옥에서 나온 그는 아픈 아내와 조카를 데리고 제대로 대접받지도 못했던 런던을 떠나고 말았다.

가족은 요크셔로 여행했고 거기서 스미스는 지질학을 가르치며 행복해했지만 건강이 나빠져 그만두어야 했다. 그는 1824년부터 1828년까지 스카보로에 정착해 지질학 연구를 계속하면서 박물관을 설계했으며 시민들의 물 공급을 도왔다.

뒤늦게 얻게 된 명성

존 밴든 벰프드 존스턴 경은 1828년 스미스를 해크니스에 있는 그의 토지 관리인으로 고용했다. 존스턴은 지질학회의 회원이었으며 화석 수집가였다. 그는 스미스의 업적을 알고 있었으며, 친구의 도움을 받아 이 나이 든 지질학자가 연금을 받을 수 있도록 해주었다.

1831년 스미스는 지구의 광물 구조에 대한 그의 연구를 인정받아 런던 지질학회로부터 제1회 울러스턴 메달을 수여받았다. 그 답례로 스미스는 지질학회에 23개 지층에 대한 표의 원본(1799), 바스와 그 주변 지역에 대한 컬러판 지질도(1799), 그리고 그의 지질학적 걸작의 밑그림 원본(1801)을 기증했다. 그는 이듬해 골드 메달을 받았고 정부로부터 연금을 받았다. 더블린의 트리니티 컬리지는 그에게 1835년 명예 박사학위를 수여했다.

스미스의 마지막 일은 영국 국회의사당의 옛 건물이 1834년 불에 타버려 새로 짓는 데 사용할 재료를 선택하는 것이었다. 이 일을 위한 정부위원회에서 봉사했다. 위원회는 더비셔의 채석장에서 생산되는 마그네슘 석회암을 선택했다. 그런데 공급이 부족하

게 되어 곧 대체 석재를 찾아야 했다. 하지만 뒤늦게 대체 석재가 적합하지 않은 것으로 밝혀졌다. 만약 스미스가 좀 더 오래 살았더라면 그는 이 문제를 인식하고 더 늦기 전에 오류를 수정했을지도 모른다. 10년도 채 되지 않아 건물의 외부는 손상되고 말았다.

버밍엄에서 열린 회의에 가는 도중에 스미스는 노스햄프턴의 친구를 방문했다가 감기에 걸렸고, 이는 치명적이었다. 영국 지질학의 아버지는 1839년 8월 28일 세상을 떴다. 그는 세인트 피터스 교회에 묻혔다.

스미스는 잉글랜드 지질학에 대한 그의 지식을 자유롭게 나누었다. 그의 지질도는 실제로 광산, 농업, 도로건설, 배수공사, 운하건설 등과 같은 분야에 활용되었다. 1815년 제작된 영국과 웨일스의 지도는 지질학적 지도 제작의 획기적인 사건으로 여겨진다. 초기에는 과학자들의 주목을 받지 못했던 스미스의 주요 업적들은 그가 사망한 후 지리학과 생충서학에 대한 그의 공헌이 인식되기 시작했다. 1865년에 지질학회는 그리노의 지도에 스미스의 이름을 추가하면서 그의 공헌을 인정했다. 지질학회와 옥스퍼드 박물관에는 그의 흉상이 있고, 이정표와 기념 명판이 그가 살던 집들을 꾸미고 있다. 1977년 이래 지질학회는 지질학의 활용성과 경제성에 공헌한 이들에게 윌리엄 스미스 메달을 수여하고 있다. 지하세계에 대한 전망을 밝힌 스미스가 결국 그 공로를 인정받게 된 것이다.

화석 수집가, 메리 애닝

1794년 두 달간 잉글랜드 전역을 조사하면서 스미스는 라임 레지스의 하부 쥐라기 해안 절벽의 대략적인 지도를 그렸다. 도르셋 해안의 이 작은 바닷가 마을은 특히 화석 채집에 적합했다. 트라이아스기 암석들은 경사로 미루어 바다 속에 묻혀 있었지만 두꺼운 이암과 얇은 석회암의 쥐라기 암석들은 노출되어 있었다. 이 암석들은 바다에서 형성된 것으로 해양 생물들을 포함하고 있었다. 한편 라임 레지스는 유명한 화석 수집가 메리 애닝 (1799~1847)의 미래의 집이 된다. 비록 애닝과 스미스가 만났던 것 같지는 않지만, 두 사람은 화석이 풍부한 해안 절벽에 대한 공통적인 흥미를 가졌었다. 화석은 스미스가 잉글랜드 지하의 층서를 예측하는 데 열쇠가 되었다.

메리의 삶은 유별났는데 15개월이 되던 때 번개를 맞고도 살아났다. 그녀의 가족은 아버지와 8명의 형제자매가 죽는 등 많은 비극을 겪었다. 소녀 시절 그녀는 집 근처 절벽 아래의 해안에서 화석을 찾으며 시간을 보냈다. 아버지가 사망하자 가난했던 메리의 가족은 생계를 위해 화석과 다른 골동품 등을 팔아 먹고살았다. 그녀가 열두 살 되던 때 그녀는 절벽에서 떨어져 나와 해안에 나뒹굴고 있는 암석 속에서 약 5m 길이의 어룡 화석을 발견했다. 그것을 발굴해내는 데 꼬박 1년이 걸렸고, 아무도 그것이 무엇인지 몰랐다. 어떤 이는 악어라고 했고, 다른 이는 물고기라고 했다. 나중에 과학자들이 그것이 6천 5백만 년에서 4천 8백만 년 사이에 해당하는 신생대의 화석이라고 결론내렸다. 애닝의 가족은 그 화석 골격을 팔아 6개월간 생활할 수 있었다. 애닝은 나중에 더 많은 어룡을 발굴했는데 다른 종이 여럿 있었다. 애닝의 화석을 산 사람들에 의해 어룡의 발견에 대한 인식이 이루어졌다.

1823년 또 다른 놀라운 발견을 하게 되었는데, 길이 2.7m, 폭 1.8m의 작은 머리와 긴 목 그리고 거북이 같은 몸이었으나 등딱지는 없었다. 이 화석은 플레시오사우루스(장경룡)라 명명되었다. 중생대 중기에 살았다는 것이 밝혀진 이 발견으로 애닝은 화석 수집가로서의 최고의 명성을 얻게 되었다. 그녀는 표본을 계속 수집했고 유명한 귀족과 과학자들에게 팔아 1826년에 가족을 위한 새 집을 구입했다.

애닝은 분석이라는 것이 화석화된 배설물이라는 것을 처음 알아낸 인물이었다. 1828년에 그녀는 날아다니는 도마뱀의 거의 완전한 골격을 발견했다. 이것은 중생대에 살았던 '날개 달린 도마뱀' 혹은 익룡이었다. 이듬해 그녀는 상어와 가오리의 중간 형태를 닮은 스쿠아로라야라는 미지의 어류 종을 발견했다. 또 1830년대 말 커다란 머리를 가진 장경룡, 즉 플레시오사우루스 마크로세팔루스를 발견했다.

메리 애닝은 유방암으로 1847년에 사망했다. 죽기 수개월 전 그녀는 런던 지질학회의 명예 회원이 되었다. 그녀가 발견한 많은 화석들이 유럽 전역의 박물관에 전시되어 있다. 비록 어떤 이들이 그녀의 명성은 행운이었다고 말하지만, 그녀의 끈질김, 기술 그리고 각별하고 중요한 발견에 대한 안목은 애닝을 가장 위대한 화석 수집가의 한 사람이 되게 했다.

연 대 기

1769	3월 23일 잉글랜드 옥스퍼드셔 처칠에서 출생
1787	에드워드 웹의 보조 측량사가 됨
1791	측량과 토지 감정을 위해 북부 서머싯으로 여행
1793~99	남서 잉글랜드에서 서머싯 석탄 운하에 대한 경로를 계획하고 공사를 감독
1796	유사한 조성의 암석층이 화석으로부터 구별될 수 있음을 발견
1799	두 사람의 목사와 함께 바스의 지층과 특징적인 화석의 목록을 만들고 전국에 걸쳐 공학적 일을 시작
1806	관개와 범람 목초지에 대한 책《범람된 목초지의 이용, 형태 및 운영에 대한 관찰》을 출판 새로 생긴 런던 지질학회의 회원들에게 화석 표본들을 보여줌
1812	지질도를 완성하고, 출판업자 존 캐리가 승인
1815	지질도《잉글랜드, 웨일스 및 스코틀랜드의 일부 지역의 지층에 대한 도해》를 출판
1816~19	《정리된 화석으로부터 식별된 지층》을 출판
1817	《정리된 화석의 층서학적 체계 제1부》를 출판
1819~24	잉글랜드 21개 지역에 대한 지질도를 출판
1831	지질학에서의 뛰어난 업적으로 말미암아 런던 지질학회로부터 제1회 울러스턴 메달을 받음
1839	잉글랜드 노스햄프턴에서 8월 28일 사망

찰스 라이엘의
선구적인 업적
《지질학의 원리》는
동일과정설을 지질학의
주요 이론으로
자리 잡게 했다.

근대 지질학의 기초를 마련한,

찰스 라이엘

Sir Charles Lyell
(1797~1875)

지구 과정의 점진적인 성질

찰스 라이엘은 1830년대 초 선구적인 업적《지질학의 원리》를 저술한 것으로 유명하다. 이 교과서는 동일과정설을 지질학의 주요 이론으로 자리 잡게 했으며 현재도 지질학 분야의 고전으로 여겨지고 있다. 이 업적만으로도 그는 지질학을 과학으로 발전시켰으며, 현재를 연구함으로써 과거를 알 수 있음을 지질학자들에게 확신시켰다.

사람들은 과거의 과정을 직접 관찰할 수 없었기 때문에 현재 일어나고 있고 관찰할 수 있는 지질학적 현상들과 과거의 결과들(예를 들면 화석, 산맥, 용암 등)을 비교해야 한다. 법률가가 되기 위한 공부를 했던 라이엘의 언변은 매우 뛰어났고, 덕분에 설득력 있는 저술을 했다.

비록《지질학의 원리》의 주제가 새로운 것은 아니었다 하더라도 라이엘은 스코틀랜드 지질학자 제임스 허튼의 아이디어를 다시 소개했으며, 직접 유럽과 북아메리카를 돌아다니며 수집한 많은 지질조사와 증거들을 제시했다. 또한 인류가 창조론자들이 믿는 것보다 훨씬 더 오래되었다고 주장했으며, 여러 가지 지질학적 시대의 이름(에오세, 마이오세, 플라이오세 전기, 후기 등)을 만들어냈다.

법률보다 지질학

찰스 라이엘은 1797년 11월 14일 스코틀랜드 안구스 주 키리
뮈르에 있는 가족 소유지 킨노르디에서 10명의 자녀 중 장남으로
태어났다. 아버지 찰스 시니어는 부유한 법률가였으며 희귀식물
수집이 취미였다. 그의 가족은 찰스가 아주 어렸을 때 잉글랜드 햄
프셔로 이사했다. 일곱 살 되던 해 그는 가장 좋은 잉글랜드의 학
교에 입학했고, 1815년 6월 학급에서 1등으로 졸업했다. 열한 살
이 되었을 때 늑막염에 걸려 회복하는 동안 곤충을 모으고, 아버지
서재의 책들을 통해 식별하는 데 시간을 보
냈다. **곤충학**은 그의 일생 동안 지속되었던
자연과학에 대한 흥미를 유발시켰다.

곤충학 곤충을 연구하는 학문.

1816년 1월 라이엘은 그리스어, 라틴어 그리고 아리스토텔레
스의 작품을 공부하기 위해 옥스퍼드 대학교의 엑스터 컬리지에
입학했다. 로버트 베이크웰이 저술한 《지질학 서론》을 이미 읽었
기 때문에 그는 윌리엄 버클랜드의 광물학과 지질학 강의를 듣고

싫어 했다. 이 잉글랜드인 지질학 교수는 수성론자였다. 다시 말하자면 그는 독일 지질학자 아브라함 고틀로프 베르너의 이론을 지지했는데, 당시에 일반적으로 받아들여지던 이론으로, 지구 상의 모든 암석들이 지구를 완전히 덮었던 아주 커다란 고대 해양으로부터 만들어졌다는 것과 소용돌이와 난류가 지표의 구조를 만들었다는 아이디어이다.

옥스퍼드에 있는 동안 라이엘은 지질학 답사를 다니기 시작했는데, 이는 평생 동안 계속되었다. 1817년 라이엘은 스코틀랜드 스타파의 섬에서 현무암으로 된 기둥 모양의 층을 조사했다. 독일 지질학자 레오폴트 폰 부흐는 스타파의 핀갈 동굴이 무른 용암의 맥이 침식되어 만들어진 것이라고 주장했었으나, 라이엘은 동굴 지붕의 현무암 기둥 끝이 깨져 있는 것을 관찰하고는 부흐의 이론이 틀렸음을 증명했다.

1818년 가족과 함께 프랑스, 스위스, 이탈리아를 여행하는 동안 라이엘은 알프스에서 빙하의 영향을 목격했으며, 그가 관찰한 연속적인 노두에 시대 순서가 있음을 인지했다.

1819년 라이엘은 런던의 지질학회와 린네학회의 회원이 되었다. 그해 12월 옥스퍼드 대학에서 고전문학사 학위를 받은 뒤 아버지의 바람에 따라 법률 공부를 위해 법학생 기숙사 링컨인Lincoln's Inn에 들어갔다. 하지만 지질학 공부는 계속했다.

그는 1822년 변호사가 되었으나 시력이 나빠져 종종 눈이 붓고 아파 법조문 읽기가 어려워졌다. 지질학회는 그를 1823년 공동 간사로 선출했는데, 이는 그가 동료들로부터 지질학자로 인정받았음을 의미하는 것이었다.

동일과정설에 동의하다

그해 라이엘은 파리를 방문하여 여러 유명한 과학자들을 만났는데 그중에는 조르주 퀴비에, 알렉산더 폰 훔볼트와 콘스탕 프레보 같은 인물들이 포함되어 있었다. 파리 분지에서 염수와 담수 지층이 교대로 나타나는 현상을 보고 라이엘은 흥분했다. 그는 지질학에 대한 기존의 생각을 약간 수정함으로써 그러한 패턴을 설명할 수 있음을 깨달았다. 라이엘은 버클랜드와 함께 간 스코틀랜드 여행에서 글렌 로이의 패러럴 로드라는 평행으로 발달한 도로에 대해 깊이 생각했고, 글렌 틸트의 화강암 암맥을 보고 감탄했으며, 바일리에 있는 작은 담수호의 석회암과 이회토 퇴적층을 조사했다.

그해 12월에 지질학회에서 〈포어파셔에서 산출되는 담수 석회암의 최근 형성에 대하여〉란 첫 논문을 발표한 그는 이어서 잉글랜드 햄프셔 해안의 제3기 암반층에 대한 논문들도 발표했다. 1826년에는 지질 조사에 대한 주요 영역과 당시의 지식을 정리하여 '런던 지질학회 논문집'이라고 명명된 《쿼터너리 리뷰》에 논문을 실었다. 이 해설 논문을 준비하면서 그는 해저에서 형성된 퇴적층이 산맥 정상부에 나타나는 것과 같은 흔하지 않은 현상을 지진이나 화산과 같은 일반적인 지질학적 원동력으로 설명할 수 있다고 믿기 시작했다. 런던 지질학회는 1826년 라이엘을 평의원으로 선출했다. 그는 1827년까지 법률 일에 종사했지만 이후로는 지질학에만 몰두했다.

라이엘은 그의 지질학적 관점에 영향을 준 1828년의 여행 이래로 스코틀랜드 지질학자인 로드릭 머치슨과 함께 프랑스, 독일, 이탈리아를 돌아다녔다. 그리고 중부 프랑스에서 과거 지질학적 양상과 현재 진행되고 있는 지층들 사이의 유사성을 발견했다. 그는 이를 통해 현재의 과정들이 과거 지층을 만든 과정들과 닮아야 한다고 생각했다. 이와 같은 발견으로부터 그는 지층의 모습이 만들어진 시대가 아니라 형성되었던 조건들에 의해 결정되어야 한다고 결론 내렸다. 오늘날의 유사한 조건들이 과거 지층들에 나타난 일반적인 특징을 재현할 것이며, 따라서 현재의 지질학적 조건과 과정은 과거의 것들과 닮아야 한다는 것이다.

이탈리아에서는 에트나 화산의 측벽에 나타난 용암의 층들을 관찰했고, 그 바닥 층에서는 묻힌 생물종의 화석을 찾아냈으며, 상부의 젊은 층에서는 현생 생물이 많이 포함됨을 알아냈다. 결국 화산체를 형성하고 있는 각 층들이 비교적 최근에 형성되었다고 결론지은 그는 계속된 증거들로 인해 수성론자들의 이론을 의심하게 되었으며, 오히려 화산 활동이 지구 지표의 형성에 큰 변화를 초래했다고 믿는 화성론의 증거들을 관찰하기 시작했다.

퀴비에는 지구의 생물들이 대홍수와 같은 격변적인 사건을 통

글렌 로이의 패러렐 로드

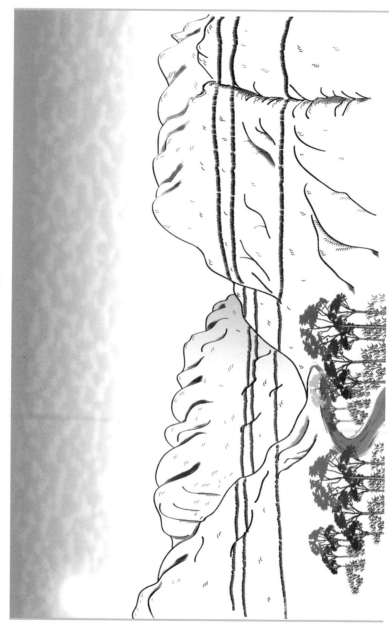

스코틀랜드 서부 고원지대의 글렌 로이와 주변 계곡들에 밤달한 패러럴 로드는 약 1만 년 전에 물러난 마지막 빙하기에 있었던 커다란 빙하 호수의 흔적이다.

해 주기적으로 멸종했다고 믿었다. 반면 라이엘은 지질학적 변화가 점진적으로 일어났다고 생각했는데, 이 생각은 1785년 스코틀랜드의 지질학자 제임스 허튼이 제안한 동일과정설과 부합한다. 라이엘은 지진과 화산 활동의 계속적인 변화를 통해 퇴적암에서 발견되는 융기와 교란이 야기되었을 것으로 믿었다. 그는 직접 관찰한 지질학적 과정들이 과거에도 일어나 유사한 구조를 만들었을 것이라고 생각한 것이다.

원리와 요소들

당시 지질학자들은 베르너의 생각을 버리고 허튼의 생각을 받아들이려고 했으나 좀 더 결정적인 증거가 필요했다. 그들은 현무암이 화성 기원임을 받아들이기 시작했지만, 현재와 과거의 지질학적 과정들이 동일하며, 변화가 일정하고 점진적이라는 것을 받아들이는 데에는 주저했다. 라이엘은 1830년에서 1833년까지 지질학의 고전으로 평가되고 있는 3권으로 된《지질학의 원리: 현재 일어나는 작용을 기초로 지구 지표의 과거 변화를 설명하려는 시도》를 출판했다.

제1권은 허튼의 동일과정설에 대한 것으로 라이엘은 그 이론에 대한 실질적인 이유를 분명하게 지적했다. 그의 주장은 과학자들이 현재의 과정과 조건들을 비교함으로써 지질학적 현상을 설명해야 된다는 것이었다. 현재 일어나고 있는 것들을 연구함으로써 과거를 좀 더 이해할 수 있다는 것이다. 그는 침식의 과정, 퇴적의 속도, 화산 활동 및 지진에 의한 융기 등을 설명했다. 변화는 점진적이었고, 지구 지표에서의 커다란 변화조차도 충분한 시간 동안에 일어난 작은 변화들이 모인 결과라고 설명하고 있다.

제2권에서는 유기 생물체들의 진화에 초점을 맞추고 있는데, 라이엘은 지질학적 시간 동안 생물체 집단에서의 변화를 다루며 그 과정이 일정하다고 생각했다. 그는 과거의 종들이 멸종함에 따라 새로운 종들이 나타나 연속적이고 중립적인 균형을 이룬다고 설명했다. 하지만 후에 생물체 진화에 대한 관점을 바꾸게 된다. 즉 생물체의 형태가 시간이 흐르면서 원시적인 것으로부터 좀 더 복잡한 형태로 진화했다는 다윈의 생각을 따르게 되었다. 멸종은 환경의 일반적인 특성에서의 변화뿐만 아니라 생태계에서의 다른 종들과의 역동적인 관계를 초래했다. 라이엘은 새로운 종이 출현하는 메커니즘에 대해서는 어떤 주장도 하지 않았다.

제3권의 시작은 앞의 두 권에 대한 비평에 대해 언급하고 있다. 나머지 부분들은 동일과정의 적용과 지질학적 연구에서의 현대적 유사성을 설명하고 있으며, 최근 퇴적층 아래에 놓여 있는 제3기 지층에 대한 라이엘 자신의 분류 체계를 제시했다(제3기는 6천5백만 년 전에서 5백만 년 전 사이의 기간). 그는 조개 화석에 나타난 종들을 식별했고, 얼마나 많은 종들이 멸종했는지를 계산했으며, 생물 종의 함유율이 낮은 암석층이 높은 층보다 더 오래되었다고 주장했다. 이 방법은 상대적인 것이지만 그의 목적에는 부합했다.

그는 제3기의 암석층들을 다시 세^{epoch}로 나누어, 에오세(가장 오래됨), 마이오세, 전기 플라이오세 및 후기 플라이오세(가장 젊음)로 구분했고, 시간이 흐름에 따라 새로운 종들이 지질학적 변화에 맞춰 멸종한 종들을 대체했다고 제안했다. 제3권의 부록에는 3천 개가 넘는 제3기 조개 화석들을 정리한 표가 실려 있다.

1831년 런던의 킹스 컬리지는 라이엘을 지질학 교수로 임명했으며, 많은 일반 대중들도 그의 강의를 들었다. 그는 연구 이외의 일을 좋아하지 않았기 때문에 단 2년간만 교수직을 맡았다.

라이엘은 1832년 7월 12일 메리 엘리자베스 호너와 결혼해 런던에서 살았다. 메리는 독일어와 프랑스어에 능통했기 때문에 라이엘과 여행하면서 통역 일을 맡기도 했다. 두 사람에게는 6명의 딸이 있었다. 나이가 들어 라이엘의 눈이 나빠지자 그녀는 그에게 책을 읽어주거나 그의 말을 받아 적었다.

《지질학의 원리》는 그가 살아 있는 동안 모두 열두 번이나 재발행되었는데, 그는 세상을 뜨기까지 그 내용을 수정하고 보충하면서 바쁘게 지냈다. 열 번째 판(1867~68)에서 중요한 변화 중 한 가지는 전체 책의 내용에 다윈의 진화론, 즉 **자연선택**이 실제 메커니즘이었음을 적용하여 수정한 것이다.

> **자연선택** 자신의 환경에 가장 잘 적응한 생명체가 더 나은 재생산 결과를 갖는 자연의 과정.

1838년에 라이엘은 학생들을 위한 기초적인 지질학 교과서 《지질학의 요소들》을 출판했는데, 이것은 제6판까지 인쇄되었다(제3판, 제4판, 제5판의 제목은 《기초 지질학의 교본》이었다).

외국에 간 전문가

1841년 라이엘은 처음으로 미국을 여행하며 보스턴의 로웰연구소에서 몇 차례 강의했고, 대서양 연안의 지질을 답사했다. 그는 언변이 세련된 강사는 아니었으나, 그의 강연은 우리가 살고 있는 행성의 과거에 흥미를 가진 사람들로 항상 북적였다. 북아메리카를 여행하던 도중 그는 나이아가라 폭포가 에어리 호수 쪽으로 후퇴하는 속도를 추정했으며, 버지니아, 캐롤라이나 및 조지아

의 해안에 분포된 제3기 지층을 연구했고, 오하이오 계곡, 에어리 호수, 온타리오 호수를 탐사했다. 또 노바 스코치아의 석탄을 조사했고, 미주리 주 뉴마드리드의 지진 발생지를 방문했다. 1845년에 그는 《북아메리카의 여행》을 출판했으며 강연을 위해 로웰 연구소로 돌아왔다. 계속해서 그는 미국의 남쪽을 여행하여 앨라배마의 석탄지대를 들렀고, 미시시피 강 삼각주의 성장을 조사했으며, 화석들을 수집했다. 1849년 그는 《북아메리카 미국의 두 번째 방문》을 출판한 다음 다시 1852년과 1853년에 미국으로 돌아왔다.

라이엘은 1853년에서 1854년까지 화산 지질학을 연구하기 위해 대서양의 마데이라와 카나리아 열도를 여행했다. 부흐는 카나리아 열도의 테네리페와 팔마 같은 화산섬들의 형성을 융기화구로부터 설명했다. 그는 화산들이 용암의 수평적인 응고작용으로 형성된 다음 현재 지질학적 과정들과 비교가 되지 않는 격렬한 융기가 일어났을 것이라 생각했다. 그리고 지구의 질량 붕괴가 일어나 텐트 모양의 지붕에 커다란 웅덩이가 형성된 것이라고 추측했다. 라이엘은 1828년 처음 프랑스를 방문했을 때 관찰한 사화산의 완전한 원추형의 모습과 크레이터, 그리고 용암층이 원추에서부터 오베르뉴 지역의 사방으로 뻗어나간 모습을 기억해냈다.

라이엘은 1859년 이탈리아의 에트나와 베수비오 화산의 사면에서 군은 암석층을 방문했는데, 부흐가 제안한 메커니즘으로 예측되었을 것으로 보이는 융기의 중심지는 찾을 수 없었다. 게다가 마데이라와 팔마에서 사면에 15~20도 경사로 최근 용암들이 굳어 있음을 관찰했다.

1858년에 그는 《가파른 사면에서 굳은 용암의 구조에 대하여: 에트나 산의 성인과 융기화구설에 대한 비평》을 출판하여 융기화구설의 잘못을 지적했다.

인간의 시대

라이엘은 카나리아 열도의 동식물 및 종들의 지리적 분포에 대한 해석으로부터 종의 기원에 대한 의문을 갖게 되었다. 1856년 다윈과의 많은 토의를 통해 종의 진화 과정을 확실히 받아들인 라이엘은 종들이 새로운 종으로 진화할 수 있다는 사실을 믿기 시작하면서 인간의 선사시대를 생각하게 되었다.

과학자들은 인류가 생각보다는 훨씬 오래되었다는 고생물학적 증거들을 찾아내고 있었다. 유인원과 닮은 인간의 두개골이 1856년 독일 네안데르탈에서 발견되었고, 1859년에는 인간이 만든 도구가 프랑스의 고대 하천의 자갈에 묻혀 있는 것이 발견되었다. 그 지역은 인류보다 훨씬 오래되었다고 여겨졌던 곳이다.

이런 발견들은 너무나도 중요하여 《지질학의 원리》나 《지질학의 요소들》에 첨가하는 정도에 그칠 수 없었기 때문에, 라이엘은 《인류의 고대사에 대한 지질학적 증거》라는 새 책을 저술했다. 이 책은 모든 종들의 진화와 점진적인 변화에 대한 실제적인 자료를 요약하고 있으며, 인류가 아주 오랜 기간에 걸쳐 다른 동물 종으로부터 진화했다는 증거들을 제시하고 있다.

비록 찰스 다윈이 1859년에 《종의 기원에 대하여》를 출판하긴 했지만 인류의 기원에 대한 논의는 빠져 있었다. 다윈은 1871년 발간된 책 《인간의 유래》에서 그 논의를 다루고 있다. 하지만 《인류의 고대사에 대한 지질학적 증거》는 인류의 진화에 대한 많은 논쟁을 불러일으켰고, 라이엘은 이 문제에 대해 뚜렷한 결론을 유보한 채 독자들로 하여금 제시된 증거로부터 자신의 결론을 유도하도록 남겨두었다.

이런 누락은 라이엘과 아주 가깝게 지냈던 다윈을 화나게 만들었다. 이듬해 라이엘은 자연선택에 의해 종이 변이한다는 다윈의 이론을 전폭적으로 지지한다고 선언했으며, 이 내용을 반영하여 《지질학의 원리》 제10편을 전면적으로 수정했다.

전통이라는 권위로부터 지질학을 해방시키다

라이엘의 아내 메리는 결혼한 지 40년이 지난 1873년에 장티푸스로 사망했다. 라이엘의 건강도 1869년부터 나빠지기 시작해 1875년 2월 22일 세상을 떴고 웨스트민스터 수도원에 묻혔다.

오늘날 지질학의 고전이라 여겨지는 라이엘의 《지질학의 원리》는 그가 사망하기 전까지 열두 번째 판이 인쇄될 정도로 19세기에 아주 인기 있는 책이었다. 빅토리아 여왕은 1848년 라이엘에게 기사 작위를 수여했으며, 1864년에 준남작이 되었다. 그는 1834년에서 1836년까지, 그리고 1849년에 지질학회의 회장을 거쳤으며, 1864년에는 영국 과학진보를 위한 협회의 회장을 지냈다. 런던 왕립학회는 그에게 1834년 로열 메달을, 1858년에 코플리 메달을 수여했고, 지질학회는 1866년에 울러스턴 메달을 수여했다. 그의 요청에 따라 1875년에 라이엘 메달이 신설되었으며, 이것은 매년 지질학회가 수여하고 있다. 그는 또한 라이엘 지질학 기금으로부터 지질학자들을 지원하는 재원을 마련하도록 규정을 만들었다.

영국의 지질학자이자 전기 작가인 에드워드 베일리는 《찰스 라이엘》에서 지질학 분야에 대한 라이엘의 헌신적인 공헌을 다음과 같이 요약하고 있다.

"그는 전통이라는 권위로부터 지질학을 자유롭게 하기 위해 어느 누구보다도 많은 일을 했다. 그는 확고한 신념을 가지고 관찰로부터 추론하며 진리를 탐구했다."

《지질학의 원리》는 관점을 격변설로부터 동일과정설로 옮기게 하면서 당시 지질학자들에게 엄청난 영향을 미쳤으며, 다른 분야의 과학자들에게도 영향을 주었다. 생물학자 찰스 다윈은 시간에 따른 점진적인 변화라는 아이디어에 크게 영향을 받았고, 그것을 자연선택에 의한 진화 이론을 제안하는 데 활용했다.

윌리엄 버클랜드

　윌리엄 버클랜드는 1784년 3월 12일 잉글랜드 데본셔 액스민스터에서 태어났다. 1798년 윈체스터의 세인트 메리스 컬리지에 입학했고, 그 후 옥스퍼드 대학의 코르푸스 크리스티 컬리지에서 지질학을 공부할 수 있는 장학금을 받았다. 그는 1804년에 문학사 학위를 따고 1808년 대학 평의원이 된 뒤 지질 조사와 시료 채취를 위해 잉글랜드 전역을 돌아다녔다. 그는 1813년에는 옥스퍼드에서 광물학 교수가, 1819년에는 첫 번째 지질학 교수가 되었다. 런던왕립학회는 1818년에 그를 회원으로 선출했다.

　공룡의 첫 번째 종을 식별하고 명명한 버클랜드는 고생물학 연구의 새 장을 연 사람이었다. 스톤스필드에서 그는 이빨, 턱, 팔다리뼈를 발견하고 멸종된 거대한 육식 파충류의 것으로 결론 내린 뒤 메갈로사우루스라고 명명했다. 1824년 당시만 해도 공룡이 파충류의 특징적인 그룹이라는 인식이 아직 없었으며, 공룡이란 용어 자체도 만들어지지 않았었다.

　또 하나 잘 알려진 버클랜드의 업적은 요크셔 커크데일의 동굴에서 멸종된 동물의 화석 유골을 발견한 것이다. 많은 과학자들은 홍수가 적도지방의 서식지로부터 멸종된 동물의 잔해를 동굴까지 운반했을 것으로 생각했지만 버클랜드는 긁히고 부서진 뼈를 관찰해 흥미로운 점을 발견했다. 일부는 살의 흔적이 남아 있었고 주변에 하이에나의 유해도 많았는데, 이는 홍수 이전의 동굴에 하이에나가 살고 있었고 거기서 먹이를 먹었다는 사실을 가르쳐준다. 그는 진흙이 덮고 있어서 홍수로 쓸려나가는 것을 막았다고 생각했다.

버클랜드의 가장 유명한 책 《대홍수의 유적》은 1823년에 출판되었고, 존경받는 지질학자로서의 명성을 쌓게 해주었다. 그 책은 대홍수에 대한 성경적 설명을 지지하는 지질학적 근거를 제시하고 있다. 그는 전 국토에 흩어져 있는 규화된 자갈들이 물의 흐름에 의해 퇴적되었다고 주장했다. 영국 전역에서 암석에 생긴 매끄러운 파진 홈을 관찰한 결과 스코틀랜드와 잉글랜드가 한때 거대한 빙하얼음으로 덮였었다고 주장했다.

버클랜드는 1845년 웨스터민스터 사원의 수석 사제가 되었고, 그 이후로는 지질학 연구를 위해 많은 시간을 낼 수 없었다. 그는 1824년과 1840년에 런던 지질학회의 회장으로 봉사했고, 학회로부터 1848년에 울러스턴 메달을 수여받았다. 버클랜드는 1856년 8월 24일 사망했다.

연 대 기

1797	11월 14일 스코틀랜드 키리뮈르 킨노르디에서 출생
1816	옥스퍼드 대학의 엑스터 컬리지에 입학
1818	가족과 함께 유럽 대륙 여행, 빙하 움직임의 효과를 관찰하고 노두에서의 연대 변화를 인식
1819	옥스퍼드 대학에서 고전학으로 학사 학위를 받고, 법률 공부를 위해 링컨인에 입학
1824	석회암 층에 관한 첫 논문을 런던 지질학회에 발표
1825~27	법률직에 종사하면서 지질학 공부 지속함
1830~33	지질학의 고전 《지질학의 원리(전 3권)》 출판
1831~33	런던의 킹스 컬리지에서 지질학 교수로 근무
1834	런던 왕립학회로부터 로열 메달을 받음
1845	《북아메리카의 여행》 출판
1848	빅토리아 여왕이 기사 작위 수여
1858	용암의 구조에 대한 논문을 출판하여 레오폴트 폰 부흐의 융기화구설을 무너뜨림
1863	인간의 진화에 대한 《인류 고대사에 대한 지질학적 증거》 출판
1864	다윈의 자연선택에 의한 진화 지지 선언. 빅토리아 여왕이 준남작에 봉함
1875	잉글랜드 런던에서 2월 22일 오랜 지병으로 사망

> 대륙이동설을
> 주장했으며,
> 판구조론의
> 선구자이다.

"대륙이 움직인다!",

알프레드 베게너

Alfred Wegener
(1880~1930)

지구과학계의 혁명, 대륙이동설

　사람이 가만히 서 있다고 해도 정지해 있는 것은 아니다. 지구는 태양 주위를 돌고 스스로 자전하며, 사람이 살고 있는 대륙은 현무암의 바다 위에서 마치 거대한 빙산처럼 느리지만 끊임없이 이동한다.

　1912년 독일의 기상학자이자 극지 탐험가인 알프레드 베게너는 대륙이 수억 년 동안 엄청난 거리를 이동했다는 사실을 처음 주장했다. 그의 대륙이동에 대한 이론은 지구상의 고르지 못한 대륙의 분포, 대륙 주변에 나타나는 산맥들의 위치, 시간에 따른 기후 변화, 지진 그리고 화석과 현생 종의 지리적 분포와 같은 다양한 미스터리를 설명해주었다.

　20세기 초의 지질학자들은 나중에 '대륙이동'이라 이름 붙여진 베게너의 이론을 받아들일 준비가 되어 있지 않았지만, 수십 년이 지난 후 그 이론은 지구과학의 혁명이 되었다.

천문학에서 기상학으로

알프레드 로타르 베게너는 1880년 11월 1일 독일 베를린에서 리처드 베게너와 안나 슈바르츠 베게너의 아들로 태어났다. 아버지인 리처드는 목사로 소년 고아원을 맡고 있었다. 다섯 형제 중 막내였던 알프레드는 콜니셰 김나지움에 다녔고 나중에 하이델베르크와 인스부르크에서 대학을 다녔다. 1905년 그는 베를린 대학에서 행성천문학으로 박사학위를 받았는데, 그의 박사 논문 주제는 13세기 이후 프톨레마이오스 천문학의 알폰신 표를 재계산하는 것이었다. 이 표는 태양, 달 그리고 행성들의 위치와 운동을 나타내는 데 사용되었다.

박사학위를 취득한 후 베게너는 관심을 기상학으로 바꾸었다. 베를린 근교에 있던 왕립 프러시아 항공 관측소에서 고층 대기 연구를 위해 그를 고용했고, 그는 특수 기상장비를 부착한 연과 풍선기구를 사용했다. 1906년 베게너와 그의 형 쿠르트는 열기구를 타고 독일과 덴마크 상공을 52시간 비행함으로써 그 부분 세계 기록을 갱신했다. 이 기록 갱신 후에 덴마크 탐험대는 베게너를 북동 그린란드 탐험에 초대했으며, 1906년부터 1908년까지 정식 기상학자로 극지방의 기단과 빙하를 연구했다. 그의 풍선기구와 연을 사용한 기술은 유용해 결국 극지 대기를 조사한 최초의 인물로 기록되었다.

1908년부터 1912년까지 베게너는 독일의 마르부르크 물리연구소에서 기상학과 천문학을 강의했다. 그는 대기의 열역학에 대한 강의 내용을 정리하여 1911년 《대기의 열역학》을 펴냈다. 이 교과서는 독일에서 표준 교과서가 되었으며, 강수 기원에 대한 현대적 이론의 기초가 되었다.

땅을 움직이는 이론

1910년 베게너는 세계 지도를 쳐다보고 대서양 주변 해안선이 닮았다는 사실로부터 대륙이 움직인다는 아이디어를 처음 고안했다. 남아메리카의 동쪽 해안선과 아프리카의 서쪽 해안선이 마치 떨어져 있는 조각 그림의 일부인 양 서로 닮아 있었다. 이 사실을 처음 발견한 사람은 그가 아니었지만, 두 대륙이 예전에 붙어 있었다는 아이디어를 처음으로 발전시킨 사람이었다. 베게너는 처음에 두 대륙이 떨어져 나가는 것이 무리라고 생각했지만, 이듬해 마르부르크 연구소 도서관에서 자료를 찾다가 두 땅이 예전에 붙어 있었음을 보여주는 **고생물**의 증거를 발견하기에 이른다.

고생물　과거에 지구에 살았던 생물.

다른 과학자들은 브라질과 아프리카 사이에 육교가 있었으며, 지구가 만들어진 이후 냉각하고 수축하면서 그 육교가 가라앉았다고 주장했는데, 베게너는 이 주장이 현실적으로 가능하지 않다고 생각했다. 그 이유는 대륙이 해저보다 가벼운 암석으로 되어 있으며, 또한 그 주장을 뒷받침할 결정적인 증거도 찾을 수 없었기 때문이었다.

이듬해 베게너는 대양을 건너 두 대륙에서의 고생물학적, 생물학적 및 지질학적 유사성에 대해 연구했다. 그는 브라질과 아프리카에서 멸종된 동식물과 유사한 화석들을 찾아냈다. 마다가스카르와 아프리카에서만 발견되는 하마, 동아프리카, 마다가스카

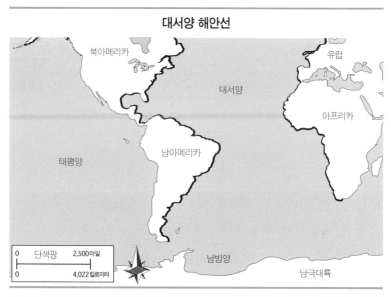

대서양 해안선

북아메리카 유럽 대서양 아프리카 태평양 남아메리카 남빙양 남극대륙

0 단색광 2,500마일
0 4,022킬로미터

베게너는 대서양의 양쪽 해안선이 일치하는 것, 특히 남아메리카의 동쪽 해안과 아프리카의 서쪽 해안이 꼭 들어맞는 사실에 주목했다.

르 그리고 인도양 건너편에서만 발견되는 여우원숭이 등과 같은 독특한 종들을 포함한 생물학적 증거는 그 지역들이 과거에 붙어 있었음을 말해주었다. 육교설이 타당하지 않으며, 또한 두 지역의 거리가 동물들이 헤엄치거나 식물의 씨앗들이 운반되기에는 너무 멀다고 생각하면서 베게너는 이런 결정적인 증거들이 대륙들이 과거에 하나였음을 나타낸다고 생각했다. 지질학적으로는 북아메리카의 아팔라치아 산맥이 스코틀랜드의 고원지대와 닮았고, 남아프리카의 카루 지역이 브라질의 산타카타리나의 지층과 흡사했다.

1912년 1월 6일 베게너는 프랑크푸르트의 지질학협회 회의에서 나중에 **대륙이동**이라 명명될 대륙 분리에 대한 그의 논리적 주장을 〈지구 지각(대륙과 해양)의 대규모 특징들의 진화에 대한 지구물리학적

> **대륙이동** 현재의 모든 대륙들이 과거에 하나의 초대륙을 이루었으며, 그것들이 2억 년 전부터 분리되어 지구 표면 위를 서서히 움직였다고 제안하는 가설.

기초〉라는 논문을 통해 공개적으로 제안했다. 나흘 후에 그는 독일 마르부르크에서 열린 자연과학의 발전을 위한 학회에서 유사한 강의를 했는데, 청중들의 반응은 회의적이었다. 따라서 베게너는 대륙의 이동에 대한 추가적인 증거를 수집해야 했다.

베게너는 빙하와 극지 기후를 연구하기 위해 덴마크 탐사대장 J. P. 코흐와 함께 1912년에서 1913년에 걸쳐 그린란드를 다시 방문했다. 4명으로 구성된 탐사대는 최초로 그린란드 얼음 위에서 겨울을 지냈으며, 걸어서 약 1,200km의 빙원을 횡단했다.

대륙 이동

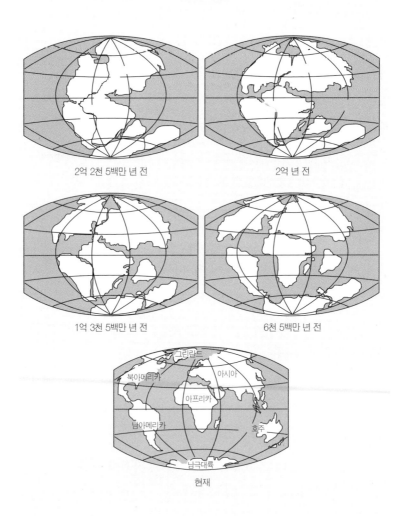

2억 2천 5백만 년 전

2억 년 전

1억 3천 5백만 년 전

6천 5백만 년 전

그린란드
북아메리카
아시아
아프리카
남아메리카
호주
남극대륙

현재

베게너의 사망 후 많은 증거들이 초대륙 판게아가 2억 년 동안 분리되어 현재의 대륙 분포를 이루었다는 베게너의 주장을 지지해주었다.

두 번째 그린란드 탐험에서 돌아온 후 베게너는 유명한 기후학자의 딸이었던 엘제 쾨펜과 결혼했고, 1914년부터 1919년까지 독일 육군의 하급장교로 근무했다.

전쟁 기간 동안 총상을 당하는 바람에 그는 자신의 이론을 발전시킬 시간을 얻게 되었다. 1915년 《대륙과 해양의 기원》을 출판해 다음과 같은 사건들을 정리하고 있다.

페름기가 끝나가면서 모든 육지들은 판게아라고 이름 붙인 하나의 커다란 대륙을 이루고 있었다. 트라이아스기가 시작되면서 판게아는 작은 땅으로 갈라지기 시작했다. 아메리카는 유라시아와 아프리카로부터 떨어져 나왔고 서쪽으로 이동하면서 대서양이 열렸다. 인도는 아프리카로부터 떨어져 나왔으며(나중에 아시아와 충돌했다), 호주는 남극으로부터 갈라져 적도 쪽으로 이동했다. 그린란드는 노르웨이로부터 떨어져 나왔고 백만 년 전 빙하기가 시작될 때 북으로 이동했다.

섬들은 물 위를 떠가는 대륙들의 잔류물이고, 산맥들은 대륙과 해저의 마찰 때문에 움직이는 대륙의 앞부분에 형성되었다. 그는 인도, 마다가스카르 그리고 아프리카가 한때 레무리아Lemuria라고 불리는 하나의 땅으로 되어 있었다고 가정했는데, 이것은 여우원숭이lemur와 하마의 분포지를 설명하기 위함이었다. 오늘날 과학자들은 마다가스카르와 아프리카가 약 1억6천5백만 년 전에 분리되었다고 생각한다. 현재 유대류의 동물은 호주와 아메리카에만 살고 있기 때문에 그는 이 두 대륙 역시 한때 붙어 있었다고 주장했다.

대륙이동의 이론은 전체 대륙의 움직임을 설명하기에 적합한 메커니즘에 문제가 있었다. 베게너는 지구가 서에서 동으로 자전함에 따라 대륙들이 서쪽으로 움직여 갈 수 있는 힘을 얻는다고 주장했다. 그는 해저의 무거운 현무암에 비해 그 위에 떠 있는 가벼운 화강암의 대륙이 움직일 수 있는 이유가 바로 지구 자전의 힘 때문이라고 생각했다. 베게너는 대륙의 움직임을 설명하는 또 다른 메커니즘으로 양쪽 극으로부터의 움직임을 제안했다. 지구가 자전하면서 적도 쪽이 약간 팽창했기 때문에 대륙을 극에서 적도 쪽으로 움직이게 만든다는 것이다. 또 다른 가능성으로 기조력(조석을 일으키는 힘)을 제안하기도 했다. 하지만 다른 과학자들은 이런 힘들이 대륙을 움직이게 할 정도로 충분하다고 믿지는 않았다.

《대륙과 해양의 기원》의 출판 이후에 베게너는 대륙이동설을 지지하는 자료들을 계속 수집했다. 고기후학, 즉 옛날 기후에 대한 연구는 그의 이론을 뒷받침해주었다. 예를 들어 남아프리카 같이 오늘날 온난한 기후의 지역에서 빙하가 녹으면서 만들어진 퇴적층이 발견되었는데, 이는 이 지역이 과거에 아주 추웠다는 것을 말해준다. 추운 기후에서만 자라는 식물의 화석이 나타나는 것 또한 이 지역의 기후가 따뜻하게 변했다는 것을 의미하는 것이다. 한편 남극과 같은 오늘날 얼어 있는 지역에서는 석탄이 발견되는데, 이것은 이 지역이 옛날에 매우 따뜻했음을 나타내준다. 대륙이 지구의 표면을 움직임에 따라 여러 가지 기후를 경험했을 것이라고 예상할 수 있다. 고기후에 대한 자료와 일치하도록 대륙의 위치를 배열하면서 베게너는 하나의 초대륙 판게아를 그려낼 수 있었다.

대륙이동의 원동력

생각이 앞선 과학자들의 새로운 아이디어를 무시하고 조롱하는 일은 흔히 일어난다. 어떤 사람들은 베게너가 원래부터 지질학자가 아니라는 이유로 그의 이론을 받아들이는 데 주저했다. 또 다른 사람들은 지질학의 기초를 흔들고 싶지 않았고, 또 그들이 과거 수십 년간 배워왔던 모든 것을 포기하려 하지 않았다. 당시의 보편적인 생각은 지구가 냉각하면서 수축했으며, 현무암과 같은 무거운 암석이 가라앉으면서 가벼운 화강암이 융기했다는 것이었다. 또 산맥은 지구가 수축할 때 땅이 우글쭈글하게 되어 만들어진 것이고, 바다는 지각이 지구 내부로 가라앉으면서 만들어졌다는 것이다. 만약 이런 설명들이 사실이라면 왜 산맥은 보다 넓은 지역에 나타나지 않는지 베게너는 이해할 수 없었다. 그럼에도 불구하고 사람들이 베게너의 이론을 받아들이지 않았던 가장 큰 이유는 대륙이동을 완벽하게 설명할 수 있는 메커니즘이 없었기 때문이다.

전쟁 후에 베게너는 그린란드 탐험에서 수집한 자료들을 계속

해석했으며, 함부르크 해양 관측소의 기상학 연구부의 부장이 되어 달 분화구의 성인에 대해 연구했다. 급진적인 아이디어 때문에 독일의 대학에서 교수 자리를 얻을 수 없었던 베게너는 1924년 오스트리아의 그라츠 대학에서 기상학과 지구물리학의 교수가 되었다.

대부분의 과학자들이 대륙이동설을 무시했지만, 1950년대에 **고지자기학**이 등장하면서 그 이론은 다시 평가받게 되었다. 암석 속에 남아 있는 지구 자기의 방향

고지자기학 과거 지질시대 지구자기장의 크기와 방향, 변화를 연구하는 학문.

은 오늘날의 방향과는 다르다는 것이 발견되었고 해양학 분야도 발전하여 해저에서 구한 정보들이 대륙이동이 실제로 있었음을 밝혀주었다.

1960년대에 들어서면서 미국의 해양지질학자였던 해리 해몬드 헤스와 로버트 싱클레어 디츠는 각각 독자적으로 해저확장설을 제안했다. 이 이론은 대륙이동의 원동력을 설명해주는 모델로, 지구 맨틀 내에서의 대류 순환에 의해 해저가 움직인다는 것이다. 중앙해령에서는 마그마가 맨틀로부터 해저 표면으로 상승한다. 마그마가 해저에 분출하여 그곳에 새로운 지각을 만들면서 옆으로 확장되어 간다. 해저가 확장해가면서 대류을 이동시키게 되는 것이다.

차가운 종말

1929년 그린란드는 베게너에게 세 번째 방문을 손짓했는데, 이 탐험은 얼음 폭풍과 시간 지연 등의 여러 가지 문제를 동반했다. 베게너는 전 지역의 날씨와 대기를 구체적으로 조사하기 위한 기상관측소 설치를 위해 1930년 봄 그린란드에 도착했다.

몇 가지 품목을 공급받은 뒤 쉰 번째 생일이었던 11월 1일 그는 원주민 한 명과 함께 중앙 그린란드의 베이스캠프를 출발하여 서쪽으로 향했다. 그리고 다시 돌아오지 않았다.

알프레드 베게너의 시신은 이듬해 봄 해빙기에 발견되었다. 그는 텐트 안에 누워 잠들어 있었는데, 아마도 심장마비를 일으킨 듯 보였다. 친구들은 그의 마지막 안식처에 얼음 무덤을 만들고, 6m짜리의 쇠로 된 십자가를 세워놓았다.

비록 베게너는 강인한 극지 탐험가로 존경받았지만, 생전에 이룩한 지질학적 업적으로는 받아 마땅한 칭송과 존경을 결코 받지 못했다. 그는 대륙이 이동한다고 주장함으로써 변하지 않는 지구에 대한 기존의 신념에 과감히 도전하였으며, 많은 지질학적 현상에 대한 일반적인 해석, 즉 지구의 표면 수축으로 말미암아 산맥이 형성된다는 등의 논리를 비판했다. 그러나 그가 죽고 30년이 흐른 뒤에야 기술 진보의 혜택을 누린 과학자들이 그의 주장을 입증할 수 있었다. 헤스는 베게너의 대륙이동설을 해저확장설로 확장시켰으며, 지구물리학자들은 해저확장설을 좀 더 현대적인 판구조론으로 발전시켰다.

비록 베게너가 대륙이 이동한다고 주장한 점에서는 옳았지만, 대륙이 해저를 거룻배처럼 헤쳐 나간다고 믿었던 것은 잘못이었다. 오히려 지구의 판들이 딱딱하고 부분적으로 용융된 매질 위를 미끄러지듯 해저와 함께 운반되는 것이다. 하지만 대륙이동의 메커니즘에 대한 구체적인 지식이 없었음에도 불구하고, 자신의 이론을 믿고 확신한 베게너의 용기가 결국에는 지구과학적 혁명을 이룩한 것이다.

판구조론

대륙의 움직임에 대한 가장 현대적인 설명은 대륙이동과 해저확장의 모델을 결합시킨 것이다. 오늘날 과학자들은 지구의 바깥 껍질이 대륙과 해저를 운반하면서 끊임없이 움직이고 있는 약 12개 정도의 단단한 판으로 이루어져 있다고 믿고 있다. 판들은 고체지만 뜨거워서 흐를 수 있는 암석층 위를 미끄러지듯 움직이고 있는 것이다. 중앙해령은 판들이 서로 교차하는 지역을 나타낸다.

지구의 맨틀은 단단한 지각과 고밀도의 핵 사이에 위치하며, 지각은 모든 육지와 해저를 포함한다. 판은 맨틀의 일부와 지각으로 구성된다. 이 때문에 판의 경계는 대륙의 해안선 너머로 확장된다. 판의 두께는 8km에서 193km에 이르고 평균적으로는 약 97km이다.

판구조론은 지구 표면의 여러 구조적 특징을 설명해준다. 판들의 움직임에 따라 그들은 세 가지 형태로 작용한다. 판들이 서로 접근하여 수렴경계를 만들기도 하고, 서로 멀어지면서 확장경계를 만들기도 하며, 때로는 서로 비스듬히 어긋나면서 변환 단층 경계를 만들기도 한다. 확장경계는 새로운 해양지각이 만들어지는 장소로, 마

중앙해령 바다 속의 거대한 산맥으로 길이는 50,000km, 폭 800km에 달한다.

판구조론 지구의 껍질이 여러 개의 판으로 이루어지고, 판의 상호작용으로 지진, 화산, 산맥 및 지각 자체를 형성한다고 주장하는 이론.

단층 땅이 아래, 위, 옆으로 움직여 만들어진 지구 지각의 깨진 틈.

수렴경계 암석권이 맨틀로 다시 기어 내려가는 장소. 그곳은 판의 가장자리가 인근 판 아래로, 침강이라는 과정으로 가라앉는다.

확장경계 새로운 암석권이 만들어지고, 판들이 서로 반대쪽으로 이동하는 장소.

변환 단층 경계 판들이 서로 수평으로 어긋나게 미끄러지는 곳에서의 경계 또는 단층. 종종 지진이 발생하는 장소.

판의 분포

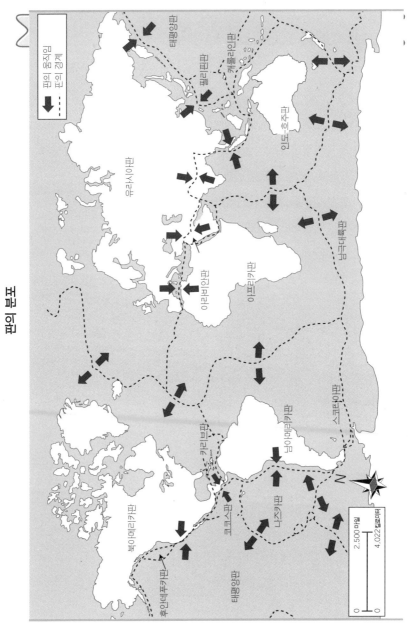

판구조론에 의하면 지구의 바깥 껍질은 뜨겁고 흐르는 암석층 위에 떠 있는 십수개의 판으로 이루어져 있다.

그마가 상승하여 해양지각을 형성시키고 옆으로 확장되면서 굳어간다. 지진은 종종 수렴경계 부근에서 발생하기도 하는데, 이 경계에서는 하나의 판이 다른 판 아래로 기어 내려가는, 소위 침강 현상이 일어난다. 침강대에서는 화산활동이 종종 일어나고, 지진은 변환 단층 경계에서 흔히 일어난다. 또한 수렴하는 두 개의 판이 충돌하면 산맥이 만들어지기도 한다.

과학자들은 판들이 대략 1년에 10cm 정도로 움직인다고 계산하고 있는데, 매우 느리게 보이지만 수억 년의 기간 동안 움직이면 상당한 거리를 이동하게 된다.

지질학자들은 모든 땅들이 과거에 하나의 거대한 땅, 소위 판게아를 이루었다고 믿고 있다.

판게아는 약 2억 년 전에 다시 두 개의 땅, 곤드와나랜드와 로라시아로 분리되었다.

이 두 개의 초대륙은 서서히 일곱 개의 대륙들로 분리되었는데, 오늘날의 북아메리카, 남아메리카, 유럽, 아프리카, 아시아, 호주 그리고 남극대륙이 되었다.

> **침강** 수렴경계에서 하나의 판이 다른 판 아래로 기어 내려가는 과정.
>
> **곤드와나랜드** 과거 남반구의 초대륙으로 현재의 남아메리카, 아프리카, 인도, 호주 및 남극대륙을 포함한다.
>
> **로라시아** 과거 북반구의 초대륙으로 현재의 북아메리카, 유럽 및 아시아를 포함한다.

연 대 기

1880	11월 1일 독일 베를린에서 출생
1905	베를린 대학에서 천문학으로 박사학위를 받고, 왕립 프러시아 항공 관측소에서 근무
1906	열기구 비행 기록을 갱신하고 극지 기단의 연구를 위해 덴마크의 그린란드 탐사에 동행
1908~12	독일 마르부르크 물리연구소에서 기상학 강의
1911	《대기의 열역학》 출판
1912	프랑크푸르트 지질학협회 모임에서 대륙이동설 발표: 논문 〈지구지각(대륙과 해양)의 대규모 특징들의 진화에 대한 지구물리학적 기초〉
1912~13	빙하학과 기후학을 연구하기 위해 두 번째 그린란드 탐사 지휘
1914~19	제1차 세계대전 동안 독일 육군의 하급 장교로 봉사
1915	대륙이동설을 책《대륙과 해양의 기원》으로 출판

1919	함부르크의 독일 해양 관측소의 기상실험 기지에서 근무
1924	그라츠 대학에서 기상학과 지구물리학 교수가 됨
1929~30	기상관측 기지를 설치하기 위해 세 번째 그린란드 탐사 지휘
1930	네 번째 그린란드 탐사를 지휘. 11월 1일 중부 그린란드의 베이스캠프를 떠나 빙하관측 야외기지로 향하는 도중 실종
1931	5월 탐사대원들에 의해 시신 발견

지질학적 연대의 아버지,

아서 홈스

Arthur Holmes
(1890~1965)

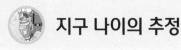

지구 나이의 추정

지질학은 가장 오래된 자연과학의 한 분야이다. 하지만 지구 나이를 측정하고 지질학적 연대를 작성하는 데 일생을 바친 한 사람이 나타나기 전까지 지구의 역사는 단순히 순차적으로 일어난 사건의 연속에 불과했다. 20세기 가장 유명한 지구과학자들 중에서 아서 홈스는 지구 연대학의 선구자였고, 또한 지구 나이를 측정하기 위해 암석 속에 포함된 방사능을 최초로 활용한 인물이었다. 많은 과학자들이 지구의 나이가 2천만 년이라고 믿고 있었을 때, 홈스는 불안정한 원소들의 방사능 붕괴에 기초한 방법을 사용하여 지구 나이가 45억 년에 가까울 것이라고 추정했다.

지질학적 연대의 아버지라고 불리는 홈스는 뛰어난 암석학자이기도 했으며, 지질학 분야에서 가장 영향력이 있었던 교과서를 집필하기도 했다.

> **연대학** 지층과 지질시대의 시간과 존재 길이를 과학적으로 결정하는 학문.
>
> **방사능** 불안정한 원자의 핵 분열로 방사 에너지가 방출되는 현상.

2천만 년 논쟁

아서 홈스는 1890년 1월 14일 잉글랜드 게이츠헤드에서 태어났다. 가구상이던 아버지 데이비드 홈스와 학교 선생님이었던 어머니 에밀리 디킨슨은 신실한 감리교 신자였다. 게이츠헤드 고등학교에서 아서는 과학의 기초를 다질 수 있었으며, 또한 오페라 협회에서 그의 음악적 재능을 키울 수 있었는데 피아노에도 재능을 보였다. 성적이 우수했던 아서는 특히 물리학을 좋아해 그의 선생님은 당시 방사능의 발견으로 이슈가 된 지구 나이에 대한 논쟁을 소개해주었다.

1897년 글래스고 대학의 자연사 교수이자 뛰어난 열역학 전문가였던 켈빈 경(1824~1907)이 지구 나이에 대한 새로운 계산 결과를 발표했다. 켈빈 경은 지구가 용융 상태에서 서서히 냉각되었다고 가정하고 암석이 녹을 때의 온도와 냉각 속도를 실험적으로 결정하여 지구의 지각이 2천만 년 전에 굳어졌다고 계산했다. 당시까지 널리 받아들여졌던 켈빈 경의 계산은 물리학자들에 의해 도전을 받게 되었지만, 지질학자들은 켈빈 경의 유명세에 기가 눌려 있었다.

　19세기 말 무렵 지구의 나이는 지질학자들 사이에서 공통된 주제였으며, 그들은 지구의 나이가 켈빈 경의 주장보다 열 배 정도 더 오래되었을 것이라고 생각했다. 더블린의 트리니티 컬리지의 존 졸리 교수는 지구 나이를 계산하는 데 염분을 사용했다. 막 형성된 지구가 냉각하면서 물이 모여 바다를 만들었다. 물은 처음에는 순수했지만 암석이 분해되고 육지로부터 바다로 성분들이 흘러들면서 바닷물은 점점 많은 염분을 포함하게 된다. 이런 가정으로 수백 년 동안 바다의 염분을 측정하면 물이 순수했던 때, 즉 지구의 지각이 굳어진 때로부터 얼마 정도의 시간이 흘렀는지에 대한 계산이 가능하다는 것이다. 졸리는 침식에 의한 염분 농집의 속도를 계산하여 바다의 나이를 9천만 년 정도로 추정했다. 이 방법의 문제점은 매년 바다로 흘러드는 염분의 양을 채우기 위해서는 암석이 원래 가지고 있는 것보다 더 많은 양의 염분을 잃어버려야 한다는 것이다.

　한편, 아일랜드 지질학자 사무엘 호턴은 지구의 나이를 추정하기 위해서 두꺼운 지층이 만들어지는 데 더 오랜 시간이 걸린다는 단순한 개념을 이용했다. 퇴적물이 해저에 쌓이는 속도가 8,616년에 1피트(30.5cm)라고 하고, 지구를 덮고 있는 암석의 전체 두께만큼 쌓이는 데 적어도 2억 년 또는 그 열 배 정도의 시간이 필요하다고 추정했다. 이 방법의 문제점은 지구 표면을 덮고 있는 전체 암석의 두께를 정확하게 계산할 수 없고, 또한 퇴적 속도가 시간과 장소에 따라 다르다는 것이다. 최근에는 침식 속도가 시간에 따라 증가한다고 알려져 있다. 만족할 만한 측정 방법이 없었지만 켈빈 경이 수정 제안한 2천만 년에서 4천만 년의 나이는 과소평가된 것으로 보였다.

1896년 프랑스 물리학자 앙리 베크렐은 **우라늄**이 보이지 않는 에너지 광선을 방출한다는 사실을 관찰하면서 자연 방사능을 발견했다. 폴란드 물리학자 마리 퀴리는 박사 논문으로 이 방사 현상을 연구했고, 토륨 역시 그러한 광선을 방출하며 더욱이 방사 현상이 화학반응이 아니라 원자의 특성임을 발견했다. 퀴리는 이 새로운 현상을 방사능이라 불렀고, 남편인 피에르 퀴리와 함께 라듐과 폴로늄이라는 새로운 두 가지 방사능 원소를 발견하게 되었다. 어네스트 러더퍼드(1871~1937)와 프레드릭 소디는 방사능이 원자가 불안정하여 핵으로부터 연속적으로 입자를 방사하기 때문이라고 설명했다. 예를 들어 우라늄은 붕괴되면서 헬륨 원자를 방출한다. 이런 과정으로부터 하나의 원소는 다른 원소로 바뀔 수 있다. 몇몇 방사능 원소들은 매우 긴 **반감기**를 가지는데, 우라늄(238)은 붕괴되어 원래 양의 절반으로 줄어드는 데 45억 년이 걸린다.

우라늄 방사능을 갖는 금속 원소로 원자번호는 92.

반감기 방사성 동위원소의 불안정성에 대한 척도. 어떤 방사성 동위원소가 붕괴되어 원래 양의 절반으로 줄어들기까지 소요된 시간을 말한다.

1905년 러더퍼드는 방사능 붕괴가 지질학적 시간측정기로 사용될 수 있다고 제안했다. 그는 우라늄과 헬륨의 비율을 사용하여 피치블렌드의 한 시료의 나이를 9천만 년으로 계산했지만, 헬륨이 시간이 흘러도 그대로 존재한다는 오류를 범했다.

피에르 퀴리와 동료 알베르 라보르데는 1903년에 라듐이 1시간 이내에 자신의 무게에 해당하는 만큼의 얼음을 녹일 수 있는 열을 방출한다고 발표했다. 방사능 원소가 열을 생성시킨다고 하는 이 발견은 지구의 나이에 대한 논쟁에 다시 불을 붙였다. 켈빈 경의 계산은 지구가 외부의 다른 열원이 없는 상태에서 서서히 냉각했다는 것에 기초하는데, 피에르와 그의 동료는 지구 내부의 방사능 원소들이 열을 공급하기 때문에 켈빈 경의 계산이 잘못되었음을 주장했다. 물론 그들은 나이가 많고 뛰어난 과학자였던 켈빈 경에게 정중한 태도를 취했지만 메시지는 분명했다. 지구가 냉각되어 왔음은 분명하지만, 지구 내부에서 끊임없이 열이 생산되고 있기 때문에 켈빈 경의 열역학적 계산은 의미가 없다는 것이다. 홈스는 두 과학자들이 권위 있는 켈빈 경에게 대담하게 맞선 것에 감명받았고, 또한 방사능이라 불리는 잠재적 효용성에 자극되었다.

소년 시절부터 홈스는 지구의 나이에 대한 호기심이 컸지만, 그의 부모는 지구가 기원전 4004년 10월 23일에 창조되었다는 성경학자들의 주장에 의심을 품는 것을 꾸짖었다. 하지만 당시 가장 유명했던 학자와 젊고 똑똑한 물리학자들 사이에서의 논쟁을 목격하면서 10대의 홈스는 큰 감동을 받았다. 방사능에 대한 흥미와 호기심이 홈스에게 일생 동안 방사능 붕괴를 이용하여 지구의 나이를 측정하게끔 동기를 부여한 것이다.

연대측정 입문

홈스는 뛰어난 성적으로 물리학 분야에서 국가 장학금을 받으며 1907년 런던에 있는 왕립과학 컬리지에 입학했다. 1학년 때 수학, 역학, 화학 및 물리학을 이수해야 했고, 2학년 때 선택 과목으로 지질학을 수강할 수 있었다. 지질학회의 회장이었던 윌리엄 와츠 교수가 열정적으로 과목을 강의했고 홈스는 3학년 때 그의 전공을 바꾸게 된다. 운 좋게도 홈스가 입학한 그해에 캠브리지 대학의 캐번디시 연구소로부터 로버트 J. 스트루트(1875~1947)가 왕립과학 컬리지에서 강의하게 되었다. 스트루트는 켈빈 경의 지구 나이가 방사능 원소로 생성되는 열을 고려하지 않았기 때문에 틀렸다고 믿는 물리학자 중 한 사람이었다. 스트루트는 방사능 붕괴로 인해 암석 내에 포획된 헬륨을 조사하는 일을 도와달라고 홈스에게 말했다. 그는 만약 축적된 헬륨의 양과 그 생성 속도를 안다면 암석의 나이가 계산될 것이라고 생각했다.

개념은 간단하게 보였지만 헬륨 생성의 속도를 결정하는 것은 그리 쉬운 일이 아니었다. 헬륨은 기체이기 때문에 상당량이 생성된 후 증발할 것이고, 따라서 최소의 나이만이 추정될 것이다(헬륨은 암석 내에서 일정하게 유지되지 않기 때문에 우라늄/헬륨 측정은 후일 신뢰성이 없는 것으로 생각되었다). 홈스는 예전에 왕립과학 컬리지로 불리던 임페리얼 컬리지를 1910년에 졸업하고 대학원에서 이 연구 프로젝트를 스트루트와 함께 계속했다.

대서양 저편에서 미국의 화학자 버트램 볼트우드(1870~1927)가 납이 우라늄 붕괴의 최종 산물임을 발견했고, 우라늄/납의 비율을 이용하여 여러 암석의 연대측정을 시도했다. 26개의 암석으로부터 9천 2백만 년에서 5억 7천만 년의 나이를 구했다. 헬륨은 시간이 지남에 따라 사라지기 때문에 마지막 산물이 좀 더 정확한 결과를 산출하리라는 것에 착안했다. 하지만 볼트우드의 분석에는 문제가 있었는데, 그것은 당시 화학자들이 우라늄과 납에 여러 동위원소들이 존재한다는 사실을 몰랐던 것이다. 동위원소란 다른 원자 질량을 갖는 원소의 형태이다. 어떤 원소의 동위원소들은 핵에 같은 수의 양성자를 갖지만 중성자의 수는 다르다. 볼트우드는 그의 분석 결과로 대략적인 지질시대의 목록을 작성했다.

홈스는 암석의 나이를 측정하는 데 있어 방사능을 사용하고 싶어 했다. 그는 노르웨이의 데본기 암석을 신중하게 선택했는데, 그 암석에는 17개의 방사능 광물이 포함되어 있어 각각의 결과를 다른 것들과 비교할 수 있었다. 암석을 분쇄하고, 광물들을 추출해내고, 분석을 위해 화학적으로 분리한 다음, 우라늄과 납의 비율을 측정하여 암석의 나이가 3억 7천만 년이라고 추정했다. 그는 다른 암석들도 분석하여 가장 오래된 것으로 16억 4천만 년의 나이를 구했으며, 볼트우드가 발표한 측정 결과로부터 지질시대의 나이를 재계산해냈다. 홈스는 우라늄에 대한 납의 비율이 증가함에 따라 암석의 나이도 역시 증가한다(왜냐하면 우라늄이 붕괴하여 납이 되므로)는 결과를 기록했지만, 만약 납의 일부가 이미 존재했다면 그의 분석이 문제가 될 것이라는 점을 우려하기도 했다.

1911년 4월 스트루트는 홈스의 결과를 왕립학회의 모임에서 발표했는데, 동료 지질학자들은 관심을 보였지만 방사능 연대측정 기술에 대해서는 경계하는 눈치였다. 그들은 우라늄 붕괴 속도가 일정하다는 가정이 타당한지에 대해 의문을 가졌다.

방사능 계산의 복잡함이 사람들을 혼란스럽게 만들고 위협적으로 느껴지게 했다. 사람들은 지구가 10억 년 이상이나 되었다는 가능성을 받아들이기 힘들었다. 비록 지질학자들이 지구가 2천만 년보다 오래되었다는 증거를 찾고 있었고 예전에 계산된 지구 나이가 가변적인 과정에 의존한다는 것을 알고 있었지만, 그들이 예상하던 지구의 나이는 소위 모래시계 방법이라 불리는 모래와 염분의 퇴적률로 제안된 1억 년 정도였다.

말라리아와의 싸움

1911년 홈스는 멤바 미네랄 유한회사에서 지질탐사가로 일하게 되었다. 연구결과를 스트루트에게 건네준 뒤 홈스는 3월에 영국을 떠나 모잠비크로 향했다. 값어치 있는 광물을 찾기 위해 육체적으로 고되고 정신적으로도 힘든 6개월간의 탐사가 시작되었다.

그곳에서 말라리아에 걸린 홈스는 고열로 며칠씩 드러눕게 되었다. 침대에서 그는 방사능 연대측정을 계속 생각했고, 어떻게 하면 방사능법으로 얻은 자료와 퇴적 속도로 구한 자료를 일치시

킬까에 대해 깊이 고민했다. 지질학적 교과서와 참고자료가 없는 상태에서 그는 퇴적물이 유래된 화성암의 양을 추정했으며, 퇴적물이 퇴적되는 데 걸리는 시간을 계산했다. 그리고 캄브리아기의 하부로부터 3억 2천 5백만 년의 퇴적 시간을 추정했는데, 그가 방사능법으로 구한 5억 년의 연대가 그리 차이가 나지 않았다. 그는 친구에게 부탁하여 그 결과를 출판하도록 했다.

비록 모잠비크에서 경제성 있는 광물을 찾는 것에는 실패했지만, 홈스는 여행을 통해 선캄브리아 시간에 대한 일생 동안의 흥미를 개발했으며, 지질학적 연대를 만들어내게 되었다. 그는 연대측정에 적합한 광물인 지르콘을 수집했고, 조사된 적이 없는 선캄브리아 암석의 시료들을 채취했다. 탐사가들이 귀환할 무렵 홈스는 중증 말라리아인 흑수열에 걸려 목숨이 위태로울 지경이었다. 모잠비크 병원의 수녀들은 성급하게 런던에 그의 죽음을 타진했지만 홈스는 기적적으로 회복하여 1911년 11월에 사우스햄턴으로 돌아왔다. 그러나 그 뒤로 몇 년 동안이나 말라리아의 후유증으로 고생해야 했다.

납의 문제

1912년 홈스는 임페리얼 컬리지 지질학 분야의 조교가 되었고, 1914년 7월 스물세 살의 젊은 지질학자는 마가렛 호위와 결혼했다. 신혼부부는 첼시로 이사했고 홈스는 강의와 모잠비크에서 가져온 암석 시료에 대한 연구로 바쁜 나날을 보냈다. 제1차 세계대전이 발발하자 군대는 홈스의 말라리아 재발병을 우려하여 부적격 판정을 내렸다. 대신 해군 정보를 위해 지형도를 제작하고, 독일로부터 공급받던 비료의 하나인 칼리비료의 원료 연구로 전쟁에 기여하게 되었다. 임페리얼 컬리지의 많은 교수, 직원, 학생들이 전장으로 떠난 후에도 홈스는 연구에 매진할 시간을 얻었다.

당시 사람들에게 방사능 연대측정의 확신을 심어주기 위해 그는 《지구의 나이》(1913)를 저술했는데, 지질학적 시료의 나이를 구하는 고전적인 방법들을 설명하고, 당시의 모든 증거들을 제시하는 한편 서로 다른 방법으로 구한 결과들을 상호 비교했다. 또 다른 접근 방법들의 문제점들을 지적하고 그가 우라늄/납의 비율로 측정한 16억 년의 나이를 옹호했다. 그 책은 아주 성공적이었지만, 저명한 지질학자들은 그의 방법의 적정성에 대한 의문을 계속 제기했다.

지구가 형성된 이래로 암석 시료에서 방사능 붕괴가 일어나기 이전부터 존재했을 '보통' 납이 있을 가능성이 문제였다. 납 측정 사용의 또 다른 어려움은 우라늄 이외에 토륨이라는 방사능 원소 역시 납으로 붕괴한다는 것이었다. 이것을 해결하기 위해 어린 시절의 친구이자 비엔나의 라듐 연구소에서 일하고 있던 봅 로슨이 나섰다. 그는 세 종류의 납 동위원소에 대한 원자 질량을 구했는데, 각 종류의 비율에 따라 연대 계산을 수정할 수 있게 되었다.

홈스는 암석의 나이를 정확하게 측정하는 방법을 찾았다고 생각했지만 우라늄 역시 다른 동위원소를 포함한다는 사실을 알지 못했다. 우라늄-238은 전체 우라늄의 99%를 차지하지만, 우라늄-235가 빠른 속도로 붕괴하는데 홈스는 그 최종 생산물을 기존 납의 일부로 취급한 것이다. 이 동위원소의 문제로 말미암아 회의론자들은 새로운 연대측정 방법의 가능성을 인정하려 하지 않았다.

불행했던 시간

　제1차 세계대전이 끝날 때까지 홈스는 3권의 책을 펴냈지만 여전히 임페리얼 컬리지에서 조교로 일하고 있었다. 1918년 홈스 부부의 장남 노먼이 태어났다. 하지만 변변치 않은 조교의 수입은 가족을 부양하는 데 충분치 못했다. 요마 석유회사가 많은 급여를 주고 홈스를 책임 지질학자로 영입하자 그의 가족은 1920년 미얀마로 이주해 예난갸웅에 정착했다. 그곳에서 홈스는 2년 동안 형편이 어려운 회사를 구하기 위해 새로운 유전을 찾는 일에 몰두했다. 회사가 도산하여 급여를 받을 수 없었음에도 충성심으로 계속 일을 하던 홈스는 사랑하는 아들 노먼이 심한 이질에 걸려 세상을 뜨자 낙심해 1922년 말 영국으로 돌아왔다. 가족 부양에 도움이 되리라 기대했던 직업이 홈스를 무일푼으로 만들었고, 그는 급여를 받기 위해 법정 투쟁을 해야만 했다.

　직업이 없는 상황에서 계속 연구할 수 있는 자금을 확보할 수 없었던 홈스는 가죽 제품, 청동 제품과 장식품을 파는 상점을 아내의 사촌과 함께 열었다. 결혼생활은 파탄에 이르렀으나 곧 아내는 1924년에 둘째 아들을 낳았다. 제프리가 태어나던 해, 더럼 대학이 과학 분야를 개선하고 확장시키며 지질학 강사로 초빙했다. 이듬해 홈스는 지질학과의 유일한 교수이자 학과장이 되었다. 그의 강의는 인기가 있었고, 학생들에게 그는 좋은 선생이자 자상한 스승이었다.

방사능의 강력한 엔진

홈스의 주된 관심사는 지질학적 시간에서 절대연령을 구하는 것이었지만, 다른 분야에도 식견이 있었다. 1915년 독일의 기상학자 알프레드 베게너는 대륙이동설을 주장하여 모든 대륙이 과거에 거대한 초대륙으로 모여 있었고, 그것들이 쪼개져 수백만 년 동안 지구 표면 위를 이동했다고 제안했다. 이 모델은 많은 흔치 않은 지질학적(그리고 생물학적 및 기상학적) 현상을 설명할 수 있다는 점에서 흥미로운 것이었지만 대부분의 지질학자들은 그 원동력의 문제로 말미암아 받아들이기를 주저했다. 베게너의 저서 《대륙과 해양의 기원》이 1924년 영어로 번역되어 뜨거운 논쟁을 불러일으켰는데, 홈스는 그 아이디어를 진취적으로 받아들인 몇 안 되는 지질학자 중 한 사람이었다.

홈스는 방사능이 제공하는 막대한 에너지에 주목했다. 그는 지구 내부의 불안정한 원소들의 방사능 붕괴로부터 생산되는 엄청난 열이 대륙을 움직이게 하는 강력한 엔진이었을 것이라고 믿었다. 지각 아래의 맨틀은 고체이지만 수백만 년의 시간이라면 그것이 마치 걸쭉한 액체로 거동할 것이라고 믿은 홈스는 열적 순환이 열을 소비하는 수단이며, 지표 가까이의 차가운 물질이 가라앉으면 더 뜨겁고 가벼운 물질들이 올라와 그 빈자리를 채울 것이라고 주장했다.

1929년 12월 홈스는 글래스고 지질학회에서 대류현상이야말로 대류이동의 원인이라고 제안했다. 그는 맨틀에서의 대류현상이 맨틀을 냉각 및 수축시키면 그것이 지표의 대륙들을 수평으로 끌어당길 것이라고 설명했다. 그의 발표 논문 〈방사능과 지구 운동〉은 1931년 글래스고 지질학회 논문집에 게재되었다.

비록 홈스가 과학적인 명성을 얻고 있긴 했지만 그의 아이디어는 1960년대 미국의 지구물리학자 해리 해먼드 헤스와 로버트 싱클레어 디츠가 각각 독자적으로 해저확장의 개념을 제안하기까지 거의 무시되었다. 해저확장설은 대륙이동설과 함께 판구조

론의 기초 이론으로 발전했다.

홈스는 전 세계를 다니며 강연했고, 1932년 미국을 방문했다. 그는 영국보다 더 자금이 풍부하고 연구 시간이 많아 보이는 미국 과학자들에게 지질학적 연대를 만드는 데 도와달라고 요청했다. 1933년에 그는 더럼 대학 측에 또 한 사람의 지질학과 강사가 필요하다고 요청했으며, 유명한 암석학자로 1931년 이후 홈스와 친분이 있었던 도리스 L. 레이놀즈가 부임했다. 1938년 아내 매기가 위암으로 죽자 홈스는 1939년에 레이놀즈와 재혼했다.

네 번째 동위원소

모잠비크 시절 이래 홈스는 각 지질시대의 시작을 결정하는 연대로부터 지질학적 연대를 만들려고 노력했다. 과거 지질학자들의 연구 결과, 즉 암석층의 특징과 지층에 포함된 화석으로부터 지질 주상도를 만들 수 있었다. 과거의 주상도는 상대적인 순서를 결정하지만 각 시대의 정확한 연대는 설정할 수 없었다. 홈스는 지질 계통을 위한 체계가 필요했고, 그래서 베를린의 화학 교수였던 프리츠 파네스에게 도움을 요청했다. 1928년 파네스는 아주 미량의 헬륨을 측정할 수 있는 분석법을 개발했으며, 그것을 이용하여 지질학적 나이가 알려진 두 개의 유명한 암석을 분석했는데, 후기 석탄기의 **현무암**과 초기~중기 제3기의 클리블랜드 암

현무암　지층에 수평으로 관입한 화성암체.

맥이 그것들이다. 파네스가 구한 현무암의 나이는 1억 8천 2백만 년, 클리블랜드 암맥은 2천 6백만 년이었는데, 이 연대들은 지질학적 증거와도 일치하는 것처럼 보였다(오늘날 현무암과 클리블랜드 암맥의 나이는 각각 2억 9천 5백만 년과 6천만 년으로 알려져 있다). 이 두 암석은 납의 비교 연대를 측정할 만큼의 납을 포함하지 않았지만, 홈스는 좀 더 연구가 진행되기를 원했고 지질학적 연대가 가능하다고 확신했다.

홈스는 《지구의 나이》의 개정판(1927)에서 우라늄과 납의 측정에 기초한 지구의 나이를 16억 년에서 30억 년 사이로 보고했으며, 지질학자들은 점차 지구 나이가 좀 더 오래되었을 것이라는 계산을 받아들이게 되었다. 이 책은 또한 납의 비율과 헬륨의 비율에 근거한 지질학적 연대를 싣고 있으나, 20년 동안 바뀐 것은 별로 없었고 대신 하나의 짧은 표에 계산된 모든 광물 연대들을 요약할 수 있었다.

영국의 화학자 프란시스 윌리엄 아스톤이 처음으로 질량분광기를 발명하면서 서로 다른 질량을 갖는 동위원소를 식별할 수 있게 되었다. 아스톤은 그의 질량분광기를 사용하여 자연에 존재하는 212개 이상의 동위원소를 발견했으며, 1922년 노벨 화학상을 수상했다. 질량분광기는 계속 개량되어 현대적인 질량분석기로 발전했는데, 서로 다른 질량과 전하를 가지는 원소들이 질량분석기의 자기장을 통과하면 휘어지는 정도가 달라져 여러 동위원소로 분리되는 것이다. 1920년대 말 아스톤은 세 개의 알려진 납 동위원소를 식별해냈는데, 방사능 연대측정에 활용할 수 있는 아주 중요한 발견이었다.

그는 보통 납이라고 생각되던 동위원소가, 우라늄-235가 붕괴하여 만들어진 최종 결과물임을 알아냈다. 러더퍼드는 지구 형성 시기에 우라늄-235와 우라늄-238이 같은 양으로 존재했을 것이라고 가정하여 우라늄-235의 붕괴 속도를 추정하였고, 동일한 양의 두 동위원소가 현재의 비율로 붕괴하는 데 걸린 시간을 계산했다. 그 결과 34억 년이라는 놀라운 값을 얻었지만, 그의 결과와 다른 몇몇 지질학자들의 비슷한 결과들은 대체로 무시되었다.

만약 우라늄-235가 납-207로 붕괴되었다면, 소위 보통 납은 존재하는 것일까? 1937년 하버드 대학의 물리학자 알프레드 니어는 새로운 질량분석기를 사용하여 납의 오염에 신중을 기하면서 보통 납의 존재를 캐기 시작했다. 그는 세 가지 납 동위원소는 쉽게 식별해냈고, 또한 방사능 붕괴로 생산되지 않는 원자질량 204를 가진 소량의 네 번째 동위원소를 관찰했다.

초기 납의 구성요소

1940년대까지 지질학자들은 지구 나이가 10억 년 범위일 것이라고 인정했으나 어느 누구도 지질학적 시간에 상응하는 절대 연령을 부여하지는 못했다. 한 가지 문제는 정확한 연대가 충분히 많은 양의 납을 함유하는 화성암으로부터만 구할 수 있다는 것이었는데, 그것들의 지질학적 나이를 알기 힘들었다. 니어는 우라늄의 두 가지 동위원소가 납으로 붕괴하기 때문에(우라늄-238이 45

억 년의 반감기로 납-206으로 붕괴되고, 우라늄-235가 7억 년의 반감기로 납-207로 붕괴) 두 종류 납 동위원소의 성장속도를 네 번째 동위원소 납-204의 일정 값에 비교하면 정확한 나이를 알 수 있지 않을까 생각했다. 이 납-납 방법의 타당성을 검증하기 위해 그는 아주 낮은 납 비율을 가지는 25개의 오래된 납광석에 대한 연대측정을 시도하여 서로 다른 '시계'로 계산한 나이들이 비교적 일치함을 알아냈다.

홈스는 예전부터 생각해오던 지구의 정확한 나이를 구하는 새로운 접근 방법을 시도했다. 그의 방법은 초기 동위원소 비율을 기초로 하는데, 그 비율은 지구가 생성되는 동안 존재하던 비율이다. 우라늄과 토륨이 생성된 이래 그들은 지속적으로 붕괴되어 왔지만, 보통 납의 양은 항상 일정했다. 초기 납의 조성은 새로 형성된 지각이 굳어질 때 광물 내에 포획되어 남아 있기 때문에, 광물들은 지구 지각의 오래된 일부로 취급되며 그로부터 납의 초기 구성요소를 구할 수 있다. 그러면 지구의 초기 납 동위원소의 비율이 방사능 납과 혼합되기 시작한 이후부터 흐른 시간을 계산할 수 있는 것이다. 홈스는 새로 도입한 계산기를 사용하여 그린란드로부터 채취한 오래된 방연석(납 광석) 시료의 나이를 30억 년으로 계산했다. 홈스는 이것이야말로 지구 나이를 측정하고자 하는 노력이 결실을 맺는 순간이라고 생각했다.

방연석이 초기 납을 나타낸다고 하는 가정에서 홈스는 니어가 측정한 지구 나이에 대한 1,400여 개의 계산 결과를 이용했다. 각

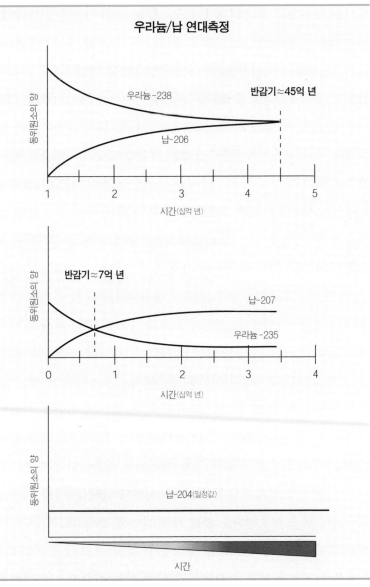

우라늄/납 연대측정

우라늄-238

반감기≈45억 년

납-206

시간(십억 년)

반감기≈7억 년

납-207

우라늄-235

시간(십억 년)

납-204(일정값)

시간

두 종류의 우라늄 동위원소는 붕괴하여 서로 다른 납 동위원소로 변하더라도 보통 납은 항상 일정하기 때문에, 이 원소들을 사용하여 연대를 결정할 수 있게 된다.

각의 계산된 나이에 대한 빈도수를 구했을 때 그는 33억 5천만 년에서 정확한 최댓값을 얻었다. 비록 그가 사용한 암석 시료들이 초기 납 조성을 포함한 것은 아니었지만, 그가 개발한 수학적 접근은 오늘날 사용하는 방법의 기초가 되었다. 피셸 호우터만스라는 독일인이 비슷한 방법을 사용했는데, 이 방법을 지구 나이 측정에 대한 홈스-호우터만스 모델이라고 부른다. 1946년에 이르러 지질학자들은 동위원소 연대측정을 인정했으나 그 활용에 대

1947년 지질학적 연대

단위: 백만 년

지질학적 시기	홈스의 연대	현재 연대
플라이스토세	1	1.8
플라이오세	12	5.3
마이오세	26	24
올리고세	38	34
에오세	58	56
팔레오세	—	65
백악기	127	145
쥐라기	152	213
트라이아스기	182	248
페름기	203	286
석탄기	255	360
데본기	313	410
실루리아기	350	440
오르도비스기	430	505
캄브리아기	510	544

홈스는 퇴적작용의 자료와 방사능 연대측정의 결과를 묶어 지질학적 시기에 대한 연대를 결정했다.

한 최선의 방법에 대한 논쟁은 계속 이어졌다.

　다음으로 홈스는 그의 새로운 방사능 연대측정의 결과와 모래시계 방법 등을 일치시키면서 지질학적 연대를 작성했다. 그는 전 세계의 퇴적물 두께에 관한 정보를 수집하기 시작했으며 그 시점으로부터 캄브리아기의 지층에 이르기까지 전체적인 규모에 상응하는 두께를 그려냈다. 그는 초기 납 비율을 사용하여 니어의 자료로부터 계산된 연대를 적용하면서 다섯 가지의 가장 가능한 연대를 경계로 설정하고 다른 지질시대의 바닥에 해당하는 시기를 추정했다. 1947년 그는 이 결과를 글래스고 지질학회 논문집에 〈지질학적 연대의 구축〉이란 제목으로 발표했으며, 퇴적 속도가 일정하지 않았음에 주의했다. 그는 종종 수정된 정보를 사용하고, 새로운 방법으로 획득한 자료를 포함시키면서 규모를 수정해, 1959년 발표한 논문집에 〈수정된 지질학적 연대〉를 소개했다. 1953년에 클레어 패터슨과 해리슨 브라운은 지구와 거의 동 시기에 형성된 철운석으로부터 아주 정확한 초기 납 동위원소를 측정해냈다. 또한 지구의 나이를 45억 5천만 년으로 계산했다. 비록 최근 50년간 과학자들은 새로운 자료를 획득하고 정확도를 개선시켰지만, 45억 5천만 년의 나이는 현재까지 변함없이 받아들여지고 있다.

유명 지질학자의 노년기

　지구의 나이 측정과 일반적인 암석에 적용할 수 있는 지질학적 연대의 완성이라는 일생의 두 가지 목표를 이룬 다음 그는 교수로 시의 본분에 충실했다. 1943년 에딘버러 대학은 그에게 왕이 직접 수여하는 지질학의 흠정교수로 임명했다. 제2차 세계대전이 발발하자 홈스는 그의 지질학 강의를 1년에서 6개월로 단축해야 했다. 비록 강의 시간을 절약하기 위해 수업 시간 전까지 자료를 읽어오는 과제를 내긴 했지만, 방사능 연대측정이나 대륙이동과 같은 최근까지 개발된 정보를 포함하는 지질학 교과서가 없어 홈스는 강의 노트를 바탕으로 책을 저술했다. 그가 1944년 출간한 《자연지질학의 원리》는 베스트셀러가 되었고 이후 20년 동안 무려 18차례나 재판 인쇄되었다. 그 책이 성공할 수 있었던 것은 그가 일반 독자들을 대상으로 한 서술 능력이 뛰어났고, 또한 일반 지질학에서의 주요 문제점들을 분명하게 제시했기 때문이었다.

홈스는 1948년 건강이 악화되어 에너지를 소진함과 동시에 일에 대한 흥미도 잃어버렸다. 의사는 절대로 안정을 취하도록 했고, 그와 아내는 아일랜드에서 여름을 보냈다. 몸이 회복되자 홈스는 선캄브리아 지질학에 몰두했고 방사능 연대를 기초로 아프리카의 지질도를 수정했다. 하지만 그의 심장은 약해져 결국 1956년 에딘버러 대학을 퇴직해야 했다.

이 뛰어난 지질학자는 수많은 과학 협회에 속해 있었고 일생 동안 많은 영예와 상을 수상했다. 런던 지질학회는 홈스에게 1940년 머치슨 메달을 수여했으며, 1956년에는 최고의 상인 울러스턴 메달을 수여했다. 미국 지질학회는 1956년 지질학에 대한 그의 뛰어난 공헌을 기려 펜로즈 메달을 수여했다. 1964년에는 지질학자에게는 최고의 영예인 베틀레슨 상을 수상했는데, 그의 '지구와 그 역사 그리고 우주의 연관성에 대한 명확한 이해를 도출한 과학에서의 독보적이고 뛰어난 성취'를 인정한 것이다. 그는 선강이 너무 악화되어 수상식이 열리는 컬럼비아 대학까지 갈 수는 없었으나, 힘을 다해 《자연지질학의 원리》를 개정하는 마지막 작업에 몰입했다. 그는 죽기 수개월 전에 그 작업을 마쳤으며, 1965년 9월 20일 런던에서 기관지 폐렴으로 눈을 감았다.

아서 홈스는 조용한 사람이었지만 지질학의 논쟁, 특히 지구의 고대사와 대륙이동의 논쟁을 피하지 않았다. 물리학에서의 그의 배경은 그에게 방사능 연대측정이 암석과 지구의 나이를 측정하는 가장 정확한 방법임을 확신시켜 주었고, 지구의 지질학 시대에 대한 실제 나이를 제공하는 작업을 이룩하게 했다. 고대 지구에 대한 홈스의 계산은 널리 활용되었다. 천문학자들은 우주의 나이를 다시 조사했고, 생물학자들에게는 진화 과정에 필요한 충분한 시간을 제공했다. 비록 대륙이동에 대한 아이디어를 개선한 그의 업적이 종종 간과되기는 하지만, 홈스는 맨틀 대류가 대륙이동의 원동력임을 처음 주장한 사람이다. 오늘날 과학자들은 지구가 45억 년 전에 형성되었다고 믿고 있는데, 그것은 지질학적 시간의 아버지의 진실을 찾는 열정 덕분이다. 또한 그가 암석 속 자연의 지질학적 시계를 사용한 기초 작업에 헌신했기 때문이다.

탄소연대측정

탄소연대측정은 지구의 나이를 결정하는 데 있어 아서 홈스가 사용한 방사능 붕괴의 원리와 같은 방법이지만, 5만 년보다 젊은 물질의 연대측정에 유용하다. 탄소-14는 탄소-12의 방사능 동위원소이며, 반감기가 5,730년으로 다른 방사능 동위원소에 비해 짧다. 탄소-14는 독특한 방사능 동위원소인데, 지구의 상층대기에서 우주선cosmic ray으로부터의 중성자와 질소-14의 원자가 서로 충돌하여 양성자를 방출하면서 생성되는 동위원소이다.

새로 생성된 탄소-14는 곧바로 이산화탄소(CO_2)로 산화된다. 생태계에서 녹색식물이나 플랑크톤과 같은 광합성을 하는 생물체들이 이산화탄소를 흡수하면 탄소-14는 유기분자가 되어 먹이사슬에 참여하게 된다.

1940년대 후반에 시카고 대학의 윌라드 프랭크 리비(1908~1980)와 그의 동료들은 이 동위원소가 살아 있는 생물체에 흡수되는 과정으로부터 석탄, 뼈, 나무 등과 같은 유기 물질의 연대측정에 이용될 수 있는 장점을 알아냈다.

탄소-14 동위원소는 1조 개의 탄소 원자 중에 한 개의 비율로 살아 있는 생물체에 포함되어 있다. 생물체가 죽은 다음에 생물체는 더 이상 방사능 탄소-14를 흡수할 수 없게 되고 이미 존재하는 탄소-14는 끊임없이 붕괴되는데, 그 양은 점차 줄어들어 대기 중의 함량보다 낮아지게 된다. 남아 있는 방사능 탄소-14를 측정하면 생물체의 사망 시기를 알 수 있다.

리비는 고고학, 지질학 그리고 다른 과학 영역에서 연대측정을 위한 탄소-14법을 개발한 공로를 인정받아 1960년 화학 분야의 노벨상을 수상했다.

연 대 기

1929	글래스고 지질학회의 연례모임에서 대륙이동의 메커니즘으로 맨틀대류 제안
1931	《방사능과 지구 운동》 출판
1943	에딘버러 대학 지질학과의 흠정교수로 임명
1944	고전적 교과서《자연지질학의 원리》의 초판 출판
1947	퇴적 두께와 방사능 자료를 조합하여 지질학적 연대 구축
1956	건강 악화로 에딘버러 대학 퇴직
1959	〈수정된 지질학적 연대〉 발표
1965	《자연지질학의 원리》제2판에 대한 수정 작업 종료. 9월 20일 기관지 폐렴이 원인이 되어 75세의 나이로 런던에서 사망

진화론과 고생물학의
대중화에 앞장선
20세기의 뛰어난
과학자였다.

"진화는 진보가 아니라 다양성의 증가일 뿐!",

스티븐 제이 굴드

Stephen Jay Gould
(1941~2002)

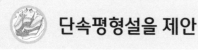

단속평형설을 제안

화석 연구를 통해 고생물학자들은 서로 다른 지질학적 기간 동안 살았던 생명체의 독특한 형태를 알아낸다. 지질학자들은 화석종을 사용하여 암석이 형성된 나이를 추정하고, 그 시대의 지구 환경에 대한 정보를 수집한다. 지난 수십 년 동안 동물과 식물 화석 종에 초점을 맞춘 고생물학 연구의 주된 분야 중 하나는 화석 기록 속에 남겨진 대규모 진화를 일으킨 변화 과정들이었다.

자연선택에 의한 진화 이론의 첫 주장자였던 찰스 다윈(1809~1882)은 가장 유명한 진화 생물학자이다. 그는 유기체들이 반복적으로 유리한 변이를 거쳐 자손들에게 적합한 특성을 남겨주었으며, 또 이런 작은 변화들의 축적이 결과적으로 새로운 종의 발달을 가져왔다고 주장했다. 이 개념은 아직도 현대적 진화 사상의 근본을 이루지만, 스티븐 제이 굴드와 닐스 엘드리지(1942~)는 1972년에 원래의 자연선택 모델을 크게 수정한 단속평형설을 제안했다. 고생물학을 공부한 굴드는 20세기의 가장 뛰어난 진화 사상에 대한 해석가였다. 그는 특히 생명의 기원과 다양성에 관한 많은 책을 일반 대중과 과학 청중을 위해 저술한 작가였으며, 여러 상을 수상하기도 했다.

> **단속평형설** 진화가 종분화 동안 급속히 진행된 다음 오랜 기간에 걸쳐서 변화가 일어나지 않는다고 주장하는 이론. 화석 기록에서 중간 형태의 부족에 대해 설명한다.

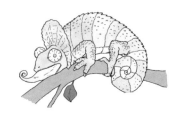

고생물학에 대한 소년의 흥미

스티븐 제이 굴드는 1941년 9월 10일 뉴욕에서 법원 속기사
였던 아버지 레너드 굴드와 어머니 엘리노어 로젠버그 굴드 사이
에서 두 아들 중 장남으로 태어났다. 그는 다섯 살 때 맨해튼의 미
국 자연사박물관에 전시된 티라노사우루스 렉스를 보고 고생물
학자가 되기로 결심했다. 열한 살 때는 미국 자연사박물관의 지질
학 · 고생물학실의 담당자였던 조지 게이로드 심슨의 저서 《진화
의 의미》(1949)를 읽게 되었다. 이 책은 자연선택에 의한 다윈 진
화론의 현대적 개념을 설명하고 있다. 비록 내용은 조금밖에 이해
할 수 없었지만 그것에 심취했다. 고등학
교 때에는 **진화**에 대한 적절한 내용을 배
울 수 없었기에 혼자서 다윈에 관한 내용

진화 시간에 따른 변화.

을 읽기 시작했다. 나중에 그는 고생물학과 진화라는 두 가지 흥
미를 하나로 연결시키게 된다.

스티븐은 고등학교를 졸업한 뒤 콜로라도 대학에서 여름을 보

냈고, 나중에 오하이오 옐로 스프링스에 있는 안티오크 컬리지에 입학했다. 후일 굴드는 진화의 과정에 대한 내용을 반박하게 되지만, 그는 지적이며 창조적인 천재였던 진화론자 찰스 다윈에 매혹되었다. 그는 1963년 지질학과 철학 양쪽에서 학사 학위를 받은 뒤 컬럼비아 대학에서 박사학위 논문으로 버뮤다의 달팽이 화석을 연구했다. 달팽이의 진화 역사를 추적하면서 그는 수백만 년 동안 거의 변화가 없었던 지층을 찾았다. 대학원에서 같이 공부했던 친구이자 훗날 동료가 된 닐스 엘드리지는 삼엽충을 가지고 유사한 현상을 관찰했다.

1965년 굴드는 예술가 데보라 리와 결혼하여 두 아들을 낳았고, 1966년에 안티오크 대학의 지질학 조교수로 부임했다. 이듬해 고생물학으로 박사 학위를 받았으며, 하버드 대학 지질학과 조교수 및 비교동물학 박물관의 무척추동물 고생물학의 관장 보조가 되어 달팽이의 진화에 대한 연구를 계속했다. 그는 일생 동안 하버드 대학에 남아 1971년에 부교수, 그로부터 2년 뒤에는 정교수가 되었다. 1982년 그는 동물학계의 알렉산더 아가시 교수라고 불렸다.

반사운동에 의한 진화

지질학과 학부생으로서 굴드는 과감하게도 동일과정설에 내포된 불변성에 의문을 가졌다. 동일과정설이란 지구가 탄생한 45억 년 전부터 꾸준하게 같은 식으로 작용한 지질학적 과정이 지구의 일반적인 특징을 만들었다고 주장하는 이론이다.

왜 변화의 속도는 일정한 것일까? 그는 과거에 대한 과학적 결론에 도달하기 위해 자연 법칙의 일정성의 과정을 조사하여 〈흄과 동일과정설〉이라는 제목의 논문을 썼다. 그리고 1965년 〈아메리칸 저널 오브 사이언스〉에 〈동일과정설은 필요한가?〉라는 개정 논문을 실었다. 굴드는 동일과정설과 또 다른 이론인 격변설에 대해 계속 생각했다. 격변설은 지구의 산맥과 호수와 같은 지질이 홍수와 지진과 같은 엄청난 격변으로 만들어졌다는 생각이다. 후일 그는 지질학에서의 시간과 방향에 대한 개념을 《시간의 화살, 시간의 순환》(1987)이라는 책에다 기록해놓았다.

굴드는 진화론을 지지했지만, 종들 사이의 느리고 점진적인 전이에 대한 확신이 없었으며, 널리 받아들여지고 있던 식의 이론에는 의문을 가졌다. 다윈주의에 뿌리를 두지만 약간 변형된 **계통학적 점진주의**는 종의 발생이 넓은 지역에 걸쳐 전체 집단 속에서 서서히 그

> **계통학적 점진주의** 진화가 일정한 속도로 일어나고 새로운 종들이 조상으로부터 점진적인 변형으로 만들어진다고 하는 가설.

리고 일정하게 일어났음을 설명한다. 하지만 굴드는 진화라는 것이 큰 변화가 없었던 오랜 시간 뒤에 갑작스럽게 빠르게 일어났음을 깨닫게 되었다.

엘드리지와 굴드는 1972년에 〈단속 평형: 계통학적 점진주의의 대안〉이라는 논문을 발표했다. 이 논문은 화석 증거로부터 진

화의 속도와 패턴을 설명하려고 시도했으며, 많은 토론을 이끌어 냄으로써 고생물학에 활기를 불어넣었다. 또한 이 논문은 과학자들에게 널리 받아들여지고 있는 이론만을 보는 것은 위험하다는 것을 경고하고 있으며, 지구의 진짜 역사에 대한 고생물학적 연구와 이해가 계통학적 점진주의로 말미암아 방해받아 왔음을 지적했다.

굴드는 비점진적인 화석 증거가 없는 것이 화석 기록의 불완전함 때문이라고 주장하는 다윈주의에 실망했다. 또한 몇몇 다양성은 적응의 개선을 초래하지 않으며, 따라서 다윈주의의 논리로는 설명되지 않는다는 사실을 깨달았다.

엘드리지와 굴드는 지층의 기록에서 종들의 갑작스런 출현과 평형상태는 **이소적 종분화**(지리적으로 격리된 하위 개체군에서 일어나는 종분화)와 조화적인 것이라고 제안했다. 커다란 개체군 내에서 새로운 유전학적 다양성은 어떤 특성에 대한 좀 더 큰 형태적 혼합이 일어날 때는 소멸된다. 그러나 만약 유전학적 다양성을 가진 하나의 개체가 나머지 개체군으로부터 분리된다면 유전적 흐름은 감소하게 되며, 다양성은 분리된 하위 개체군을 형성시키는 더 큰 기회를 가지게 되어 결과적으로 계통적인 분리가 일어난다. 만약 **종분화**가 작은 주변 개체군에서 갑작스럽게 일어난다면 과도기의 화석은 드물어질 것이다.

> **이소적 종분화**   조상이 되는 개체군이 지리적 장벽에 의해 분리될 때 일어나는 종분화의 양식.
>
> **종분화**   진화에 의해 새로운 종을 만드는 것.

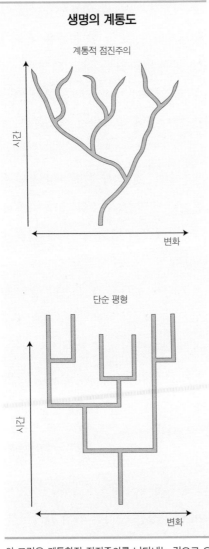

생명의 계통도

계통적 점진주의

시간

변화

단순 평형

시간

변화

위 그림은 계통학적 점진주의를 나타내는 것으로 오랜 기간 동안 작은 변화들이 축적됨으로써 새로운 종이 형성됨을 의미한다. 아래 그림은 단속 평형을 나타내는 것으로 종분화가 급격히 일어난 다음 오랜 기간 동안 변화가 없음을 의미한다.

엘드리지와 굴드는 화석 기록에서의 단절이 과거를 정확하게 나타내고 있다고 믿었다. 새로운 종들은 동일한 지리적 환경에서는 진화하지 않았으며, 전체 개체군은 새로운 종으로 서서히 전이되지 않았다. 대신에 그들은 종분화가 작은 고립된 개체군에서 일어난 빠른 변화이며, 그 이후에 변화가 일어나지 않는 오랜 기간의 평형상태기 유지되었다고 제안했다. 바로 단속평형설로 불리는 모델이다.

단속평형설에 대한 반응은 가지각색이었다. 몇몇 고생물학자들은 점진주의를 방어하며 널리 알려진 예들을 제시했다.

고생물학에서 고전적인 예 중 하나는 리아스 굴 그리파에아에 나타나는 나선 수의 점진적인 증가이다. 생물학자들은 종들이 급격한 지질학적 및 기후학적 변화 속에서도 수백만 년 동안 실제적으로 변화하지 않음을 나타내는 많은 증거들에 놀랐다. 유기체들은 급격한 기후적 변화에 적응하기보다는 오히려 확산되는 것처럼 보였다. 비평가들은 단속평형설을 '반사운동에 의한 진화'라고 불렀다. 굴드는 그에 대응하여 점진주의를 '느림보 진화'라고 맞대응했다.

비록 단속평형설을 담고 있는 최초의 논문 제목이 다윈의 점진주의에 대한 대안이라고 되어 있지만, 굴드는 나중에 두 가지 방법이 서로 독립적으로 작용하는 것은 아니라고 설명했다. 전체 동물 화석들에 대한 조사는 단속평형설을 지지하지만, 점진주의에 대한 증거는 특정한 계통 조사에서만 발견될 뿐이었다. 단속평형설은 관련된 종들을 연결시키는 중간 화석이 왜 나타나지 않는지를 설명한다. 하지만 주요 계통 사이의 전이 화석들은 존재했다.

굴드는 단속평형설의 개념을 더욱 확장시키고 보강하는 몇 편의 논문을 발표했다. 몇몇 사람들은 단속평형설이 실제보다 더 중요하게 보이도록 과장되어 있고 또 평형상태의 기간이 화석 기록의 잃어버린 연결고리를 설명하려는 불완전한 시도라고 비판했지만, 많은 사람들은 굴드의 연구를 매우 뛰어난 것으로 평가했다. 고생물학 학회에서는 40세 미만의 나이에 이룩한 뛰어난 고생물학적 연구에 대한 평가로 1975년 굴드에게 슈처트 상을 수여했다.

작가로서의 영향력

굴드는 천 편이 넘는 과학 논문과 더불어 적어도 20권의 책을 저술했는데, 재밌는 깃은 모두 수동식 타자기를 사용했다는 것이다. 1974년과 2001년 사이에 굴드는 〈내추럴 히스토리〉 잡지에 '생명의 이런 관점'이란 제목의 칼럼을 통해 3백여 편의 에세이를 매달 써나갔다. 그의 계몽적인 담론은 과학, 철학, 역사, 예술 및 문학 등을 광범위하게 아우르고 있으며, 그중 일부는 다시 편

집되어 10권의 책으로 출판되었다. 《암탉의 이빨과 말의 발가락》
(1983), 《나는 착륙했다》(2002) 등이 그 예이다.

　독자들은 진화와 다른 자연현상 등의 복잡한 주제를 빠짐 없이
설명하는 그의 능력에 감탄했다. 《판다의 엄지》(1980)는 판다가
대나무 어린가지를 벗겨내는 데 사용하는 손목뼈에 대한 서술과
어떻게 육식으로부터 초식으로 바뀌었는지를 설명하고 있는 책이
다. 이 책으로 그는 1981년 과학 분야 미국 저술상을 받았다. 이
듬해 굴드는 《인간에 대한 오해》로 국제 저술비평가협회 상을 수
상했는데, 인종과 종교를 분류하기 위해 표준화시킨 지적 테스트
의 잘못된 사용을 공격하는 내용이다. 《생명, 그 경이로움에 대하
여》(1989)는 일반 독자를 대상으로 저술된 최고의 논픽션 과학
서적에 대해 수여하는 론-풀랑 상을 수상했다. 이 베스트셀러는
5억 3천만 년 전에 형성된 브리티시 콜롬비아 석회암의 채석장에
서 채집된 특별하고 복잡한 화석의 이야기를 다루고 있다. 굴드는
그 지역의 지질 구조를 진화의 특징적인 무작위성에 대한 예로 사
용했다. 그는 진화가 완전함을 향해 진행하는 것이 아니라고 믿었
고, 독자들에게 만약 생물학적 역사가 다른 경로를 걸었다면 어떻
게 되었을지를 생각하게 했다.

　잘 알려진 진화 전문가이며 또한 과학적 개념을 명료하게 설
명하는 능력으로 인해 굴드는 공립학교에서 창조과학과 진화론
을 함께 가르쳐도 되는지에 대한 아칸소주 법정의 재판에서 증
인으로도 활약했다. 굴드는 절대자가 지구를 창조했다고 믿는

지적 설계는 과학적인 배경이 없으며, 또
한 과학적인 증거는 창조가 진실이라는 많
은 성경의 이야기를 뒷받침하지 않는다고
설명했다. 법정은 과학으로 인정받기 위한

조건을 충족하지 못한다는 이유로 창조론 교육을 교과과정에서
제외토록 결정했다.

진화론의 새로운 구조

굴드의 마지막 저서는 1,433페이지 분량의《진화론의 구조》이
다. 20년 이상이 걸려 2002년에 출판된 이 책에서 그는 다윈주
의적 진화에 대한 부인할 수 없는 사실들을 다시 살폈다. 하나의
개체군 내에서의 자원 경쟁의 결과 살아남은 수보다 더 많은 숫자
의 후손들이 태어나며, 개체들 내부에서 다양화가 이루어지고 그
다양성은 다음 세대로 전달된다. 자연선택은 특정 환경에 더 잘
적응하는 변이체가 더 성공적인 재생산을 이루며 그 후손들에게
알맞은 특성을 물려준다는 메커니즘을 제공했다.

논리적 유추의 대가였던 굴드는 다윈의 진화론의 체계와 가운데
줄기에서 뻗어나간 세 개의 주요 가지를 가진 산호를 비교했다. 줄기
는 다윈식 논리의 중심, 즉 자연선택에 해당하며, 세 개의 가지는 작
용, 효력과 전망이라는 삼각대를 나타낸다. 가운데 가지는 자연선택
에 의한 작용, 즉 자연선택이 생명의 계층적 구조에서 어느 일부가

아니라 생명체에 직접 작용함을 의미한다. 두 번째 가지는 자연선택의 효력을 나타내는데, 자연선택이 적응에 의한 진화적 변화의 유일한 메커니즘임을 나타낸다. 세 번째 가지는 자연선택의 전망을 대변하는 것으로 작은 미시적 진화의 다양성, 예를 들면 늑대에서 개로 변하는 것과 같이 오랜 지질학적 시간 동안의 모든 분류학적 다양성을 설명한다는 것이다. 굴드는 가운데 줄기를 자르는 것, 즉 진화

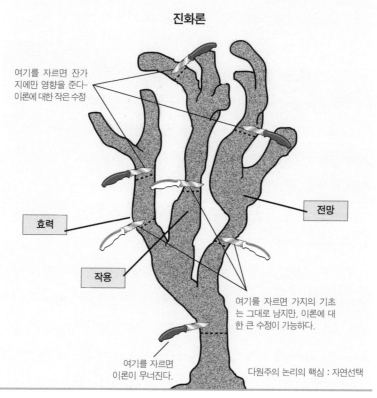

진화론

여기를 자르면 잔가지에만 영향을 준다 이론에 대한 작은 수정

효력

작용

전망

여기를 자르면 가지의 기초는 그대로 남지만, 이론에 대한 큰 수정이 가능하다.

여기를 자르면 이론이 무너진다.

다윈주의 논리의 핵심 : 자연선택

《진화론의 구조》에서 굴드는 진화의 체계를 산호에 비교했는데, 세 개의 가지는 각각 다윈주의의 세 가지 논리, 즉 작용, 효력 및 전망을 나타낸다.

의 힘이 되는 자연선택을 반박하는 것이 그 이론을 파괴시킨다고 설명했다(마치 생명체를 죽이는 것처럼). 세 개의 주요 가지들을 잘라내는 것은 그 이론을 심각하게 손상시키는 것이지만, 다른 부분들을 도려내고 다시 접붙임으로써 이론의 본질을 유지할 수 있게 된다.

굴드는 계속하여 고전적인 진화론의 내용을 확장시키고 첨가시키고 수정함으로써 상징적인 산호를 재구축해, 보다 강한 가지들이 성장할 수 있도록 만들었다. 엘드리지와 굴드가 처음 단속평형설을 제안한 이래 30여 년 동안 축적된 새롭고 다양한 자료들을 접붙임으로써 굴드는 원래의 기초 위에 진화론의 틀을 수정했다.

자연선택에 참여하는 다윈주의적 개체로서의 종에 대한 인식은 계층 이론을 일반화시켰다. 다시 말해 생명체의 계층, 즉 유전자, 세포, 조직, 뎀(소교배군), 종 및 클레이드(공통의 조상을 갖는 생명체의 집단)와 같은 여러 단계에 선택을 허용함으로써 작용의 가지가 확장될 수 있도록 했다. 굴드는 효력의 가지를 조금 잘라내어 독창성이 '진화적 새로움'을 이루는 데 필요함을 인정하면서도 몇 가지 제한(구조적 및 발달적)을 부여함으로써 진화 경로로 인도하는 추가적인 다양한 메커니즘을 제시했다. 예를 들어 단세포 생물의 지름이 증가함에 따라 체적에 대한 단면적의 비율은 기하급수적으로 감소한다. 아주 큰 세포의 세포막의 표면적은 외부와의 물질교환에 필요한 양을 제공하지 못하기 때문에 물리적인 힘이 세포의 최대 크기를 제한시킨다. 굴드는 미시적 진화 과정이 아주 오랜 지질학적 시간에도 불구하고 생명 다양성의 정도를 충분히 설명하지 못한다고 생각했으며, 그는 새로운 종을 형성시킴에 있어 전망의 가지가 보다 큰 규모로 작용하게끔 수정했다. 6천 5백만 년 전에 일어난 격변적인 대량멸종의 발견이 그의 진화론에 대한 수정을 지지했다. 과학자들은 당시 퇴적된 퇴적물 층에서 비정상적으로 높은 함량의 이리듐을 발견했는데, 이 원소는 주로 운석, 유성 그리고 지구의 맨틀에 포함된 것으로 외부 천체의 충돌을 지시한다. 결과적으로 환경의 변화가 백악기 말에 모든 종의 85%가 멸종하는 원인이 된 것이다.

폭넓은 지식

굴드는 폭넓은 지식의 소유자였다. 따라서 사람들은 종종 도전적인 주제에 대해 그의 의견을 물었다. 다른 행성에 생명체가 존재할 것인가에 대한 질문을 받아도 그는 그렇다, 아니다의 단순한 답을 한 적은 없었고, 대신에 지구 생명체의 다양성과 우주의 광활함을 전제로 지구만이 생명의 기원과 유지에 적합한 조건을 제공했다는 것은 타당하지 않을 것이라고 조심스럽게 설명했다.

굴드는 완고하게 생물학적 결정주의에 반대했는데, 생물학적 결정주의란 생물학이 개별 차이를 결정하고 그 차이를 일정불변한 것으로 만든다는 가정이다. 굴드는 과학자도 인간이기 때문에 과학이 결코 개인적 차원에서 완전히 분리될 수 없다고 믿었고, 종종 사회가 과학적 노력에 영향을 준다는 과학의 문화적 개입에 대해 언급했다.

1981년 맥아더 재단은 굴드에게 '과학 영재상'을 수여했는데, 그것은 지속적이고 활발한 창의적 연구를 수행하는 미국 거주자나 시민에게 수여하는 것이었다. 〈디스커버리〉 잡지는 1981년에 단속평형설을 발전시킨 공로로 굴드를 그해의 과학자로 선정했다. 2000년에는 미국 국회도서관에서 그를 83명의 살아 있는 위인 중 한 사람으로 선정했는데, 창의성, 확신, 헌신 및 충일함으로 전형적인 미국의 이상을 발전시키고 구체화시킨 인물이기 때문이었다.

또한 1983년에는 컬럼비아 대학으로부터 우수 메달을, 1984년에는 런던 동물학회로부터 실버 메달을, 1992년에는 런던 린네학회로부터 동물학에 대한 공헌으로 골드 메달을, 그리고 1997년에는 캘리포니아 대학 로스앤젤레스 분교의 생명 진화와 근원 연구센터로부터 우수과학자상을 받았다.

그는 고생물학에서 과정과 형태에 초점을 맞춘 논문을 출판하는 저널 〈팔레오바이올로지〉 창간을 도왔고, 40여 개의 명예 학위를 수여받았으며, 미국 과학아카데미, 고생물학회, 미국 자연주의자학회 그리고 그가 2000년에 회장을 지낸 미국 과학발전협회 등 수많은 과학협회에 속했다. 1996년에는 뉴욕 대학에서 생물학의 빈센트 애스터 초빙연구 교수가 되어 뉴욕과 캠브리지에서 시간을 보냈다.

1982년에 굴드는 복부암의 일종인 중피종의 진단을 받았다. 중

피종의 평균 생존 기간이 8개월임에도 불구하고 그는 20년 이상을 살다가 2002년 5월 20일 지병과는 관계없는 폐암으로 세상을 떴다. 유족으로는 두 번째 아내인 론다 롤랜드 시어러와 첫 번째 아내에게서 태어난 두 아들 제시와 에단이 있다.

굴드는 여러 나라의 언어를 유창하게 구사할 수 있었기 때문에 원어로 된 문헌들을 읽을 수 있었다. 또한 뉴욕 양키스 팬이었고 보스턴 세실리아 합창단과 함께 활동할 정도의 재능 있는 바리톤이었다.

일반인들은 그를 유명한 고생물학자로 알고 있지만 그는 자신을 진정한 역사가로 표현했으며, 또 그의 연구를 특정 분야에 제한시키지도 않았다. 해답이 필요한 곳마다 굴드는 그것들을 찾기 위해 애썼다. 그의 지성은 비범했으며 조수들은 그를 뛰어남과 오만함으로 표현했다.

단속평형설에 대한 굴드의 연구와 저술은 거시적 진화에 대한 아이디어에 큰 영향을 주었으며, 고전적 진화론의 제한을 완화시켰다. 그는 평형상태가 조사할 가치가 있는 중요한 현상이며 또한 단속이 변화에 대한 흥미로운 모델이라고 주장했다.

다윈과 현대 진화론에 대한 그의 공헌에 대한 논의 외에도 지구과학, 고생물학, 생물학 및 진화에 대한 현대적 교과서들이 모두 단속평형설의 내용을 포함하고 있다. 진화론을 재구성한 굴드의 보다 현대적인 아이디어에 대해서는 시간이 평가할 것이지만, 그의 철학에 있어서만큼은 매우 감동할 것이다.

다윈의 관점

찰스 다윈의 《종의 기원》은 역사상 가장 영향력 있는 책 중 하나다. 이 책의 주요한 주제 두 가지는 변이에 의한 상속과 자연선택이며, 둘 다 다윈과 관련된 이론으로 알려져 있다. 오늘날 진화라는 용어는 다양한 의미를 내포하고 있지만, 그의 책에서는 진화라는 단어를 사용하지 않았다. 그는 변화의 과정을 변이에 의한 상속이라고 표현했다. 자연선택은 적응에 대한 진화적 변화의 메커니즘으로 생명체의 생식을 성공적으로 증가시키는 특성을 확립시킨다. 다윈 진화론의 전제는 새로운 종을 만들어내는 수많은 다양성의 점진적인 축적이었다.

다윈은 생명의 역사를 가계도 같은 나무로 생각했는데, 줄기는 모든 사람의 출발점이 되는 가장 오래된 조상이며 각 가지의 끝은 뚜렷한 종, 즉 개개인의 가족 구성원을 의미한다. 가상의 나무에서 종들 사이의 근접성은 두 개의 뚜렷한 종들 사이의 밀접한 관계를 나타낸다. 생명의 나무에서 새로운 가지가 나타나는 부분은 마치 가계도에서의 가지가 새로운 가족 구성원의 탄생을 보여주는 것처럼 예전의 생명체가 새로운 종으로 진화하는 것을 의미한다. 가지 자체는 많은 변이의 축적을 나타낸다. 변이는 수백만 년에 걸쳐 공통의 조상을 가진 후손들이 서로 생식하는 것을 금지하고 새로운 생물종을 만들어내게 된다.

다윈은 다양성의 축적에 의한 점진적 종분화라는 제안의 비판 이유가 화석 기록의 중간적 형태의 부재일 것으로 예상했다. 만약 종분화가 연속적인 과정이라면 과거의 형태로부터 현대 종으로 이어지는 점진적인 발달을 증명할 수 있어야 한다. 하지만 화석 종 조사는 점진적인 변이를 지지하지 않았다. 다윈은 중간적인 화석 종의 부재에 대해 분해작용, 변성작용, 퇴적작용, 구조운동 등으로 야기된 '화석 기록의 불완전함' 탓으로 돌린 뒤 언젠가는 고생물학자들이 잃어버린 화석들을 찾아내 끊어진 연결고리를 메워줄 것이라고 주장했다.

연 대 기

1941	뉴욕에서 9월 10에 출생
1963	안티오크 컬리지에서 지질학과 철학으로 학사학위를 받음
1966	안티오크 컬리지의 지질학 조교수가 됨
1967	컬럼비아 대학에서 고생물학 박사를 받고, 하버드 대학에서 지질학 조교수 및 무척추동물 고생물학 관장보가 됨.
1971	하버드 대학에서 지질학 부교수 및 무척추동물 고생물학 부관장이 됨
1972	닐스 엘드리지와 함께 Models in Paleobiology에 논문 〈단속 평형: 계통학적 점진주의의 대안〉을 발표
1973	하버드 대학에서 지질학 정교수 및 무척추동물 고생물학 관장이 됨.
1974~2001	〈내추럴 히스토리〉 매거진에 〈생명의 이런 관점〉이라는 칼럼을 매달 300회 연속으로 집필
1975	고생물학회에서 40세 미만의 과학자에게 수여하는 탁월한 고생물학 연구에 대한 슈처트 상을 받음.
1981	《디스커버리》 매거진의 올해의 과학자로 선정되어 맥아더 재단으로부터 천재 연구비를 받고, 《인간에 대한 오해》를 출판. 또한 생물학 교사가 지적 설계와 함께 진화론을 가르치도록 하는 아칸소주 법정의 재판에서 활약
1982	하버드 대학에서 동물학의 알렉산더 아가시 교수로 임명
1987	《시간의 화살, 시간의 순환》을 출판
1989	《생명, 그 경이로움에 대하여》를 출판
1996	뉴욕 대학에서 생물학의 빈센트 애스터 방문연구 교수가 됨
2002	《진화론의 구조》를 출판한 직후 맨해튼에서 5월 20일 폐암으로 사망

스티븐 제이 굴드 237

처음 이 책을 받아 들고는 한없는 흥분감에 휩싸였다. 대학에서 지질학 과목들을 강의를 하며, 단편적으로 학생들에게 소개했던 지질학의 역사가 이토록 잘 정리될 수 있을지 생각조차 못했기 때문이다. 사실 나 자신이 이런 책을 써야겠다고 작정하고 준비해오던 중이었으니, 이 책은 나로 하여금 상당한 질투심을 느끼게 만들었다. 그럼에도 이 책을 번역하여 학생들에게 읽히고 싶은 마음이 너무나도 간절해졌다.

지질학의 역사를 살펴보면 자연과학의 한 분야로 자리 잡기 훨씬 이전에 자연을 보는 철학으로부터 시작했음을 알 수 있다. 고대 그리스 철학에서도 지질학은 자연철학으로 등장하고 있는 것이다. 그러나 지질학이 심미주의적인 학문의 영역에서 과학적 학문의 영역으로 탈바꿈하게 된 시기는 16세기에 이르러서이다. 이 책의 내용이 바로 지질학이 과학으로 변모한 16세기 이후의 근대 지질학에서 20세기 현대 지질학까지의 역사를 다루고 있다.

지금까지 우리나라에서 지질학의 역사를 다룬 교과서들은 대부분이 이론의 발달 순서에 따른 내용을 수록하고 있다. 그런데 이 책은 인물 중심으로 이야기를 풀어나간다. 마치 위인전을 읽어나가는 듯한 분위기다.

한편으로는 시대 순서로 인물들의 이야기를 배열하여 과학철학의 시간에 따른 변화를 읽는 듯한 느낌도 든다. 지질학이라는 학문이 과학과 역사 속에서 다시 탄생하는 느낌도 들고 말이다. 처음부터 마지막까지 책을 읽고 있노라면 어느새 500년 이상의 시간이 훌쩍 흘러버린다. 그리고 지금 우리가 알고 있는 지구의 역사가 어떻게 이해되어 왔는지 한 손에 잡히는 것 같다.

각 장에서 소개하고 있는 지질학의 선구자들은 지구과학의 어느 교과서에나 등장하는 낯익은 인물들이다. 우리는 그들이 주장한 이론들을 배워왔지만, 그 이론이 어떻게 탄생했는지에 대해서는 배울 기회가 많지 않았다. 이 책은 각각의 이론들이 어떻게 만들어졌으며, 당시의 반응이 어떠했는지를 구체적으로 보여주고 있다. 그리고 이 선구자들의 인간적인 고뇌와 진실을 위한 끝없는 노력이 어떠했는지를 잘 보여주고 있다. 각 장은 위대한 인간들의 학문 탐구의 드라마이다. 때로 이 드라마는 해피엔딩이지만, 때로는 비극적 결말을 맞기도 한다. 그러나 결국에는 현재의 지식으로 완성되기까지 이들의 노력이 밑거름이 되었음은 분명한 사실이다. 이들이 있었기에 우리는 우리가 살고 있는 지구의 모습을 제대로 이해하게 된 것이다.

시작은 간단하게 생각했지만 번역을 하는 동안 엄청난 문제들이 속출했다. 그중에 중요한 두 가지만 언급해보면, 첫 번째로는 원어의 번역이었다. 독일, 덴마크, 프랑스, 영국, 미국, 이탈리아, 스페인, 남아메리카 등의 지명과 인명을 가급적이면 원어에 충실하게 번역하려고 노력했지만 부분적인 오류를 피할 수는 없는 것 같다. 독자들의 이해와 세심한 지적을 바란다. 두 번째의 문제는 지질학 용어의 번역이었다. 사실 지질학 용어 역시 시대에 따라 변해왔다. 예전에 사용되었던 용어를 현대적 용어로 바꿀 것인지의 문제에 고심을 거듭하다가 원문의 뜻이 손상되지 않는 범위 내에서 혼용하기로 작정했다. 약간은 낯선 용어가 등장할 것이지만, 일부는 책의 중간에 삽입된 용어 설명을 참조하면 이해가 되리라 생각한다.

　지질학의 선구자들을 통해 배울 수 있는 지구 이론의 내용들은 지구과학이라는 학문이 나아갈 길을 제시해주기도 한다. 과학에서의 진보는 점진적인 제거의 과정이라고도 볼 수 있다. 하나의 이론이 다른 증거들로 말미암아 제거되고, 새로운 이론이 탄생하는 것이다. 그러나 어떤 이론이 틀렸다는 것만으로 그 이론을 완전히 버릴 필요는 없을 것이다. 그 속에도 우리가 공부해야 할 것이 많이 있기 때문이다. 지구의 참모습을 이해하기 위해 증거를 찾아 나선 선구자들을 읽으며, 지구가 지닌 참 매력을 느껴보길 바란다.

조용주